U0215210

稀世珍酿三部曲之

拣饮录

玄妙美酒的神游札记

Vinum Selectum

Notes on Picky Wines

陈新民　著

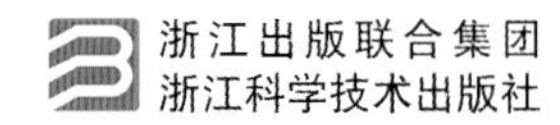
浙江出版联合集团
浙江科学技术出版社

谨以本书敬献给德国柏林自由大学热克教授（Prof. Dr. Dr. Franz Jürgen Säcker），以志共赏美酒的回忆。

This Book Is Decicated To Professor F. J. Säcker Of The Freie Universität Berlin As A Memory Of The Good Wines We Shared Together.

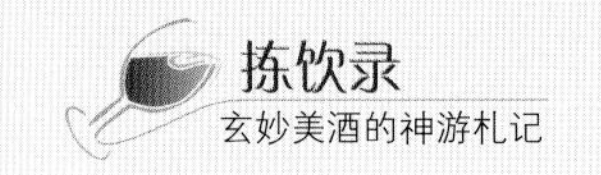

推荐序
葡萄酒炼金术

杨子葆

新民兄出版了他的第三本葡萄酒著作，是接续前两本《稀世珍酿——世界百大葡萄酒》(以下简称《稀世珍酿》)与《酒缘汇述》为本地葡萄酒爱好者所展开的新视野，以及引申出来的新境界。前两本书后经浙江科学技术出版社发行简体字版，获得了2007年度世界美食图书大奖（2007 Gourmand World Cookbook Awards)“世界葡萄酒书类”的首奖(Best Wine Book in the World)，已获得世界级的肯定，真值得为新民兄庆贺。

而这本他自嘲“挑挑拣拣而饮，零零落落而记”的新作，更进一步地带着我们徜徉于葡萄酒精致文化中，就像一位炼金术士一样引领我们进入一个陌生、玄妙、深刻而又处处充满惊喜的神秘国度。

是的，升华了的葡萄酒就像炼金术一样。法国哲学家罗兰·巴特(Roland Barthes)曾有过类似的说法，他认为：“葡萄酒是一种转换物质，能够逆转情势与状况，从物体中萃取出与之相对立的特质——例如让一个柔弱的男人变得刚强，或是让一个沉默的人喋喋不休。这是炼金术的古老传承，是葡萄酒变化与无中生有的哲学力量。”

新民兄是留学德国的法学博士，而在德国文学中，最知名的炼金术士就是伟大作家歌德作品中的浮士德博士。浮士德是一位钻研学问而忘却时间流逝的哲学家、科学家以及广义的炼金术士，他为求能够追回过去，竟与魔鬼交易，以灵魂换取青春肉体。且不论浮士德的悲剧意义，单说透过一种人为努力，居然能抗拒甚至逆转自然岁月，应该可以算是炼金术的极致了。

在我看来，《拣饮录——玄妙美酒的神游札记》(以下简称《拣饮录》)的炼金术虽然没有浮士德传奇那么不可思议，却的确有融合与提升本地葡萄酒文化两种“文化撕裂”的可能。有趣的是，这两种可能正好呼应两位杰出德国学者在21世纪所提出来的独特美学观。

其一，是施密茨(Hermann Schmitz)所阐述的“身体现象学”。这位德国哲学家提出“肉体”不等于“身体”的精辟论点：肉体固然有味觉、嗅觉、触觉等形而下的感官知觉，但身体却还能感受情感、想象、欲望等形而上的抽象经验，这是将传统认为虚无缥缈的心灵拉入身体感知范围的新尝试。施密茨当然反对生理决定论，却也不掉入心灵决定论的窠臼陷阱，他将外物与整合感官、情感的身体交会相遇之状态称为“震颤”，是奠基于肉体而更超越肉体的整体感知，突破了过去传统哲学身心二元对立论的惯性限制。

新民兄在欣赏葡萄酒时所强调的以文化知识为基础的“跨界联想”与“时空神游”,其实正是踏穿本地仅以肉体感官欣赏葡萄酒“铁门限”的一种突破,以及融会身心经验的一种启蒙。

其二,则是伯梅(Gernot Böhme)所倡议的“气氛美学”。“气氛并非独立飘摇于空中,反而是从物或人,以及两者的各种组合生发开来而形成的。”因此,“气氛是一种空间,也就是受到物与人的在场及其外射作用所熏染的空间”。真正的美,是物我交织、一大片整体式的感知,绝不可拘泥于物我二元对立论的框架,更不能沦落到一切物化、消费主义的窘境。

《拣饮录》珠玑文字里所呈现出的对于葡萄酒的热爱,以及对于葡萄酒文化情缘的珍惜,令人印象深刻,缠绵深处,物我两忘,借用作者对此境界的期待:“那人正在灯火阑珊处”,本地罕见的气氛美感于焉出现……

新民兄出版了他的第三本葡萄酒著作,我很乐意推荐这本独特、炼金术似的、他在“中央研究院”研究空档的“拣饮”产出。尤其这位葡萄酒炼金术士在承接“大法官”重担之后,再不见这类精彩文字,下一本书不知道要等到什么时候,愈发显得眼前这本书的珍贵。叹息之余,让我们一起为这本难得的好书举杯,祝大家能够体会缝合撕裂、灵肉合一、物我相融的葡萄酒之美,祝大家身心健康。

Santé à tous!

台湾版自序

挑挑拣拣而饮，零零落落而记

陈新民

2010年10月份的一个午后，艳阳高照，研究室内也是热浪逼人，令人神消意散，没有工作的兴致。适时，资深的影评人，也是台北最受欢迎的葡萄酒讲师呼喜雨兄，携来日本大导演山田洋次的“武士三部曲”的录像带，以及一瓶冰镇过且是我最喜欢的德国莱茵高地区的约翰山堡迟摘酒(Schloss Johannisberg，2007，Spätlese)。喝着这杯2007年份，属于近年来最好年份的德国迟摘酒，再聊聊山田洋次这位我们当学生时心目中的“叛逆英雄”(毕业于日本东京大学法律系，却投身到电影行业当个“法界逃兵”)的作品，着实再惬意不过。

看到研究室内到处是一堆堆的法律与葡萄酒的书籍，以及成箱打包的资料，知道我正为告别研究院的职务而忙碌着。呼兄遂建议我：何不将近年来所写的酒文也一并出书，作个“出清”，谱成一部“酒谭三部曲”？我掂了掂手边文章，居然累积有近15万字之多，足够出一本小集子了，遂采纳了呼兄的雅教。恰巧不久之后，积木文化前总编辑蒋丰雯及前副总编刘美钦两位女士也来访邀我加入出版行列，

于是便敲定了本书的出版计划。

本小集之所以取名为“拣饮录”，乃是想到“拣饮挑食”这个成语。这个成语本是古人期许君子养身处事之道，寓意“有所饮、有所食；有所不饮、不食”，处事做人亦可寓及“有所为，有所不为”之衍意。但不知何时何故，这句话却被误解为“偏食”的不良饮食习惯。

年过半百后，中年毛病一一上身，原来为“摄取多方营养”考虑的“不可挑食”早已不管用。医生一再劝诫的“忌口令”，正是要我等“谨慎挑食”。而品赏任何一瓶葡萄酒，不正是需要挑剔杯子、温度、搭配的食物，以及相关（愈多愈好）的资讯吗？我又想到，这几篇文章都是“挑挑拣拣而饮”，而后“零零落落而记”的小文，何不就以“拣饮录”名之？

著名经济学家高希均教授曾有一句名言：“本行要内行，非本行要不外行。”实行起来恐怕并不容易。就以鉴赏美酒而言，我的本行是公法学，入这行已满30年，也只能够说刚跨进门槛，尚未能达到通彻了解其“堂奥”的程度；至于业余嗜好的“酒学”，大概就只能徘徊在“似懂非懂”之间了！

研究公法学是一段孤寂与深奥的旅程，往往摸索了好一阵子，始终无法觅得国学大师王国维所称“那人正在灯火阑珊处”之情境。神疲力乏之际，一杯美酒，几页介绍美酒典故的资讯，立刻可将我的思绪拉到千里外的古堡与田园之中，果真是一场“异国神游”。“神游”归来后，我随即雪泥鸿爪般地记述一二，本书也因此没有一定的体系与格式，聊供美酒同好者与我分享若干共同神游的经验吧！所以这本“零落之作”，自然不能入酒国英豪与品酒大家的法眼，如有未符尊意之处，还望不吝多予指教为盼。

本书承蒙同乡前辈欧豪年大师慨为赐题书名，积木文化的热心安排，辅仁大学教授杨子葆兄赐写序言，精美照片多出自艺术鉴赏家王飞雄兄之手。有了他们的协助，才使本书能够顺利出版，本人理应在此由衷致谢。

目　录

CONTENTS

96

1

法国勃艮第的神酒与酒神

有位学术界的朋友，最近终于想开了，不再终日埋首于法律条文之中。也难怪，年甫超过40，已有轻微的心血管疾病，医生建议可酌量喝些红酒。他向我请教从喝哪种红酒开始进入美酒世界。这位仁兄素以美国名牌学府出身的“脾气”闻名——自视甚高、品味不凡，我遂建议由黑比诺(Pinot Noir)酒开始。

8月份，勃艮第的黑比诺葡萄仍红绿相间，美丽极了。摄于勃艮第的“帝王酒园”——罗曼尼·康帝酒园。

的确，黑比诺酒有令人不可抗拒的魔力。特别是法国勃艮第(Bourgogne)已经成熟的黑比诺，有股熟透的乌梅、杏子味，甚至可闻出淡淡的中药气味——如当归的芬芳，使人回味无穷。

要成为顶级勃艮第酒的鉴赏者，一定是已遍尝过各种美酒后，才乐而为之、独钟此味。如果比较陈年的波尔多(Bordeaux)与勃艮第，仍然可以明显地分出波尔多的浓郁与勃艮第的淡雅。喜欢勃艮第的也不乏是由喜欢波尔多酒转来欣赏勃艮第的。

我经常有此感触：如同欣赏古典音乐，随着年龄的增长，逐渐会将兴趣由气势磅礴的交响乐、协奏曲，转向室内乐，特别是巴赫的作品，品酒亦然。

勃艮第酒由此成为"曲高和寡"的代名词。小园制的勃艮第，加重了市场的炒作，美酒圈——例如香港《酒经》月刊杂志社刘致新社长——也给勃艮第酒冠上一个"地雷阵"的警语：一不小心，会遭到不测之后果！但是，勃艮第毕竟是勃艮第。在这块黑比诺及霞多丽(Chardonnay)的故乡，几百年来都存在着一批批"固守泥土"的酒农与果农。正是他们酿出一代代的"神酒"，也让他们当中出现了一个个名声响亮的名号——"酒神"。

近年来，声名最噪的"酒神"当公推亨利·萨耶(Henri Jayer)。此位2006年才过世的大师，早年十余岁时就在酒园内苦干，学到了基本的酿酒技术，而后才到弟戎(Dijon)大学学酿酒，练就一身科学的酿酒本领。他自己既没有耀人的家世，也没有长袖善舞的公关本事〔波尔多各大名园的看家本领，例如木桐堡(Château Mouton Rothschild)的菲律苹女爵，还有她著名的爸爸，都是最典型的代表〕，却一辈子坚守自己酿酒的原则，埋头苦干地酿酒，很早就获得了各方的推崇，直到老死为止。萨耶老先生的名言是："太浓了！"他主张勃艮第的酒之迥异于波尔多酒，便在于"淡、雅"。酿造与调配黑比诺葡萄酒的技巧，他

法国作家 Jacky Rigaux 在2003年出版的《赞颂勃艮第葡萄酒》一书，便以萨耶先生为封面人物。

力主不在于酒体强劲有力以及果香扑鼻，而在于细腻、隽永的高雅气质。

老先生过世后，他在1989年宣布退休前（实际上他酿酒直到1997年）亲自酿造的酒遂成为各方收购的对象。特别是在日本经过亚树直的著名漫画作品《神之雫》的吹捧，价钱已如天价。

我手边刚好有2007年9月12日伦敦苏富比拍卖会的资料。萨耶酿造的李其堡（Richebourg），公认是勃艮第的李其堡代表作，超过罗曼尼·康帝（La Romanée-Conti）的李其堡。果然，4瓶1985年份的萨耶酿李其堡，预估价为8000～10000英镑，拍出了10925英镑的佳绩，平均每瓶为2731英镑。而当时出厂价不过数十美元，不属于顶级、仅是一级酒的克罗·帕兰图园（Cros Parantoux）——《神之雫》一再强调的“神酒”——在此次拍卖会出现的1985年份的一套标8瓶，预估价竟然高达35000～44000英镑，比李其堡高一倍。其理由大概是认为日、韩等“神之雫迷”会抢标这8瓶酒。落槌结果“只”拍出了25300英镑的低价，平均每瓶达3162英镑。虽然没有达到拍卖公司的设想天价，却也超过了萨耶老先生的代表作李其堡达15%以上。

同次拍卖会，同样是1985年份的萨耶酒，还有6瓶顶级的依瑟索（Echézeaux），拍出价14375英镑；两瓶沃恩–罗曼尼（Vosne-Romanée）的一级酒，拍出价为2530英镑；另外6瓶夜之圣乔治（Nuits-St-Georges）的一级酒，拍出了和两瓶沃恩–罗曼尼一样的价钱，都高得令人吃惊。

萨耶的成功，造就了勃艮第酒的神话。现在只要老牌且名气鼎盛的酿酒师一有健康不妙的消息，其手酿的酒，特别是好年份的，必定成为抢购的风潮。就像是号称“勃艮第铁娘子”的乐花园（Leroy）园主拉鲁·贝奇（Lalou Bize-Leroy）女士，身体目前尚称硬朗，但终究年岁已高，乐花酒园自家产品的“红头酒”在市面上已成为抢手货；而“白头货”（收购他园之酒）也渐渐不见踪影了。

台湾最近有个进口商也由法国引进

被称为“神酒”的萨耶大师所酿制的 1991 年份克罗·帕兰图园。背景为旅法油画大师陈英德的作品《丰收》(作者藏品)。

了一批萨耶酒。一瓶1999年份的克罗·帕兰图园售价折合约20万元新台币；2001年份则为12万元新台币，仍然供不应求。这除了是因为萨耶的魅力外，台湾顶级酒的收藏圈实力及品味亦不可小觑。

眼看着这些老勃艮第名庄酒利润的水涨船高，不法集团当然也不会放过。2008年4月下旬，美国某拍卖公司预计拍卖一批老字号彭寿园(Domaine Ponsot)1929年份的德·拉·荷西园酒(Clos de la Roche，此酒已列入拙著《稀世珍酿》之中)，庄主及时出面怀疑其真实性，拍卖公司不得不撤销这些问题酒的拍卖。酒庄庄主此维护酒庄名誉及保护消费者权益的举动，立即广受酒界的赞誉(见2008年9月30日《酒观察家》杂志)，反而成功地做了一次宣传。由此可见勃艮第老酒的假酒之猖狂，酒迷应提高警觉！

我有位同好翁兄，是台湾数一数二的大藏酒家，其8万瓶的大酒窖中，日前收购到百余瓶的萨耶酒，其中包括1991年份的克罗·帕兰图园，邀我与其家人一起品试。克罗·帕兰图园虽然被炒作到整个勃艮第一级酒的最高价位，也有不少人认为萨耶酒最典型的代表即在此园，但这种看法其实有误，萨耶最得意的还是李其堡及依瑟索。不过，这个位于李其堡上方不远的克罗·帕兰图园只有1.1公顷，萨耶有其中的七成，约为0.7公顷，每年只有3000余瓶的产量，确实珍贵异常。

1991年份并不算是萨耶最拿手的年份(1980年份以后，最好的为1985、1987及1988年份)，但萨耶就是有本事把每年的品质都调得差不多。当我看到已经醒了两个钟头的克罗·帕兰图园，颜色仍是淡苹果红色，虽然没有经过装瓶前的再过滤程序，但酒质十分清澈。经历了18年的岁月，淡红的色泽没有转成淡红砖色或橙色，显示这款酒还没有达到最成熟的阶段，至少还可以再陈放10年以上无虞。闻不出太强烈的果香或花香，好封闭与沉闷的气味！我有一点点担心会否因酒体的单薄引发气味的薄弱与单调。10～20分钟后，当杯中酒液只剩下原来的1/3时，“挂杯”的醒酒作用加倍进行,这款酒才完全苏醒过来。我建议大家用左手盖住杯口,逆时针轻轻摇晃10～15次后,再努力地吸闻一下。哇!不可思议的香气直冲脑门,好优雅的花香、紫罗兰……夹杂着淡淡浆果及青草味,不得了的动人气息。口感中本有淡淡的咸味与酸味也消失了,丝绸般的结构,毫不令人有知觉的丹宁滑入舌尖、舌根与喉咙。回甘可以隐约感觉到有干龙眼、蜜饯的丝丝甜味。萨耶的手法真不是凡人所及,应当称其为“神人”。

夕阳真是无限好!每个杯子最后只留下约1厘米高的酒液,却可以“满杯生香”,香气环绕在杯内,直到我们吃完甜点,喝完咖啡的30分钟后,仍然环聚不散,让我们舍不得让侍者“撤杯”。我不禁想起距离上次品尝8字头的萨耶酒“夜之圣乔治”已超过10年。那时较年轻的味蕾口感,不免较中意于激昂澎湃的酒体与香气,对这种“暧暧内含光”的“柔型”绝活,没有沁入内心的感触以及回味。但这次真正“动了心”,我对萨耶也只有一句话:顶

(上)罗曼尼酒村中庆祝1992年圣文森特(葡萄守护神)节的招贴画。

(下)夏天的勃艮第梦拉谢葡萄园,一片青绿似海。

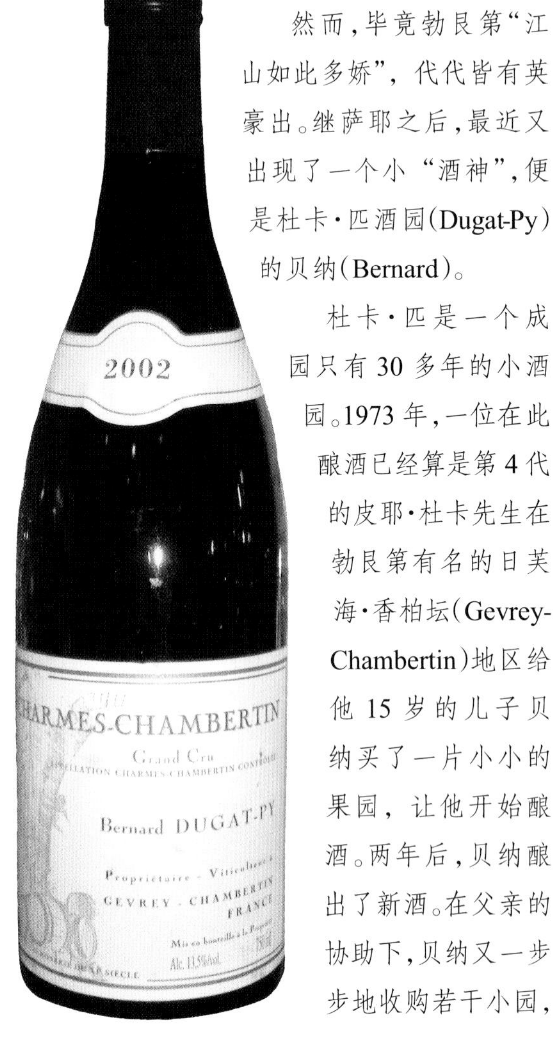

杜卡·匹酒庄得意的2002年份的顶级善·香柏坛。

礼膜拜!

然而,毕竟勃艮第“江山如此多娇”,代代皆有英豪出。继萨耶之后,最近又出现了一个小“酒神”,便是杜卡·匹酒园(Dugat-Py)的贝纳(Bernard)。

杜卡·匹是一个成园只有30多年的小酒园。1973年,一位在此酿酒已经算是第4代的皮耶·杜卡先生在勃艮第有名的日芙海·香柏坛(Gevrey-Chambertin)地区给他15岁的儿子贝纳买了一片小小的果园,让他开始酿酒。两年后,贝纳酿出了新酒。在父亲的协助下,贝纳又一步步地收购若干小园,才形成了现在的规模:不过8公顷而已,却分散在20余处,绝大多数果园都没超过半公顷。所以,每年虽然推出12款酒,却都只有几百瓶的规模。光是在欧洲(特别是法国及瑞士顶级餐厅)就不够销售,在1990年以前几乎没有卖到欧洲以外的地方。

结婚后,太太娘家姓“匹”(Py)。这样也好,便可以和贝纳的堂兄克劳德·杜卡(Claude Dugat)所拥有的同名酒庄有所区别。克劳德·杜卡酒庄只有3公顷大,也在邻近不远,由40岁以上老藤酿产的顶级及一级香柏坛,都用全新橡木桶醇化,工艺也和杜卡·匹接近,所以也被认为是极精彩的酒庄,几乎和杜卡·匹相去不远。

杜卡·匹酒庄男、女主人这对酒园的神仙侠侣,便干脆将酒园改为“两姓共治”的“杜卡·匹”。他们终日埋首在酒园中,看管着他们分散在各处的小酒园,也贴心地照顾这些树龄高达80～90岁的葡萄老藤。所以,所酿出的各款香柏坛产量都极稀少。例如:看家的顶级香柏坛,年产只有270～

300瓶；善·香柏坛(Charmes-Chambertin)，年产2000瓶；而马其·香柏坛(Mazis-Chambertin)则只有900瓶上下，都不是可容易一亲芳泽者。出厂价最贵的当属香柏坛，至少400美元。例如本园有两款顶级香柏坛，一为葡萄树龄已达80岁的“王者之心”(Coeur de Roy)，每公顷采收3500升，在全新的橡木桶内醇化一年半；另一款为近60岁老藤的Les Epointure，程序与“王者之心”相同，都由贝纳一手全程制作。最便宜的为善·香柏坛，也要200美元以上。至于到市面的售价，以台北而论，2002年份的善·香柏坛，帕克大师给了97分的高分，台北市价刚好为1000美元一瓶；而难得一见的同年份香柏坛，售价高达每瓶1500美元。

在1989年以前，杜卡·匹的香柏坛都是由乐花酒园收购，以乐花招牌出售，现在则是由本园自行销售。

如此昂贵的杜卡·匹酒，当然不是随便喝得到的。不久前在一个老友的聚会上，一位同高中及大学的小学弟听到我久已未尝其味，便邀我择日品尝他所收藏的两款杜卡·匹酒。一周后，我品尝了两款不同等级的杜卡·匹酒。

以2002年份的善·香柏坛而论，虽然杜卡·匹酒是以耐藏、好的年份须10年以上才成熟而闻名，但一级酒在5～8年内便成熟了。这瓶顶级酒颜色呈现淡淡的砖红色，已属于标准的成熟黑比诺酒。开瓶后，果香满溢而出，连隔桌的酒客都频频回头询问，到底我们开了哪款好酒。尤其是细腻如丝绸般的酒质，在奥地利

2004年份杜卡·匹最简单的地区酒，一样会令人感动！

2005 年份的杜卡·匹“王者之心”。有大师气派的“王者之心”，当然要有相匹配的背景。2000 年，我收到北京大学季羡林教授的墨宝《蝶恋花》。季老是留德的老前辈，治学严谨与专注，博学又热情，是我从留德时期起就最敬仰，也是我一生最取法的对象。

Riedel 手工酒杯（Sommelier 级）的衬托下，其纤细的果香及酒体被发挥得无懈可击。除杜卡·匹的顶级酒外，次一等的一级酒也不同凡响，甚至被评为杜卡·匹酒园“闯天下”的绝活！园方使用极高的全新橡木桶比例（五成至全部）来醇化这些一级酒。

其次，我们品尝了杜卡·匹最基本的“地区级”，称为勃艮第酒(Bourgogne)。这是酒庄用好几个小园区（共 1.13 公顷）平均树龄为 25 岁的葡萄所酿成的。虽然是属于一般的日用酒，但杜卡·匹一样严谨地酿制。发酵后只用两成全新的橡木桶来醇化，装瓶前也没有经过过滤。这瓶刚运到台湾不久的 2004 年份的地区酒，颜色呈亮丽的桃红色，浓郁浆果、加州李的果味却是极度澎湃，丝毫不令人感到扎口的丹宁，真是出乎意料的高雅与平衡！试了一口后，我立刻打通电话给进口商，却只订购到一箱。多年来，我常将勃艮第甚至其他法国各地的地区酒视为一般佐餐酒，从没有被感动过，此次之所以破例，之所以如此感动和激动，是因为太可口了！年产量大约在 6000 瓶上下，而且一瓶索价不过 60 美元而已。

勃艮第果然是名家辈出。老、少两个“酒神”都是脚上沾满着泥土，双手长满了厚茧，令我们最尊敬的人物，他们也真是上帝派遣到世间的天使与圣人！◆

后记

当我把这篇小文发表后，接到老友贺兄的来电，约我小酌，并要给我带来一个“小惊喜”。原来他刚入藏几瓶2005年份杜卡·匹的“王者之心”。这岂止是“小惊喜”，简直是“大惊奇”，难得一见的珍品！

酒标上面注明：这是由“非常老藤”(Tres Vieilles Vignes)所酿造，而且未经过滤。我们这时开瓶试饮，不免可惜。不过，体会到人生苦短，实在很难再抽出个10年、20年来等待这瓶酒成熟。何况好奇心岂非人生最大的诱惑力？所以，我们决定一试！

深紫色，虽标榜未曾过滤但酒质极为清澈，不见丝毫浮游物，而且油亮晃动，仿佛见光生影。入口后犹如丝绸般的酒体，一点都没有沉滞丹宁的感觉，十分平顺。稍微带一点果酸，有浓厚的浆果与热带水果的口感，整个结构十分扎实。尤其是喝完后酒杯会散发出一股极浓的花香味，这是我常在拉菲堡及其他波尔多顶级酒中发现的优雅香味。为了找出这种花香的名称，我特地到台北一家颇具规模的花店中找寻香气，终于嗅到一种白色的小花有此香气，卖花人称之为“非洲茉莉”。台湾路边小贩常有售卖的车内用玉兰花，便有一点淡淡的这种香气。爱品酒的朋友下次不妨细心嗅之。

这瓶杜卡·匹酒园的代表作果然魅力无穷。清朝乾隆皇帝喜欢给中意的绝妙古代书画题上“神品”的赞誉，我想，这一款“王者之心”冠上“神品”之誉，可问心无愧吧！

2

法国北罗讷河永不褪色的传奇

传承600年的夏芙酒庄

听说我即将告别工作了25年之久的学术研究单位，也恰逢我的生日，一位学界的老友，也是葡萄酒狂热爱好者的李训民兄，问我要携哪一瓶较为稀罕的好酒来小酌庆祝一番。刚巧我看到书桌上搁着一本新寄到、尚未拆开的美国《酒观察家》杂志（2008年11月30日出版），封面故事讲的是西拉酒（Syrah），特别是法国罗讷河地区的西拉酒。我匆匆一阅，看到当期评审北罗讷河谷各酒庄的名单，第一名是2003年份夏芙酒庄（Jean-Louis Chave）的贺米达己（Hermitage）红酒，也是“镇园之宝”的凯瑟琳精选级（Cuvée Cathelin）获得了接近满分的99分。而同园的一般等级贺米达己红酒也获得了98分，与北罗讷河另一个名园夏波地酒庄（M. Chapoutier）的两款贺米达己红酒（L’Ermite及Le Méal）并列为第二名。我想起了去年曾经去北罗讷河瞻仰这个在法国可以和勃艮第、波尔多齐名的酒区，特别从名园汇集的贺米达己山区（也称为“隐居地山区”）携回一瓶1994年份夏芙酒庄的贺米达己红酒，正要找一个机会来品尝。没想到李兄家藏2000瓶的酒窖中，还藏有若干瓶1998年份的夏芙酒庄贺米达己白酒，何不来一个“夏芙园红白会”？于是酒单便敲定了。

夏芙酒庄是一个相当富有传奇色彩的酒园。话说在国外，一般酒客会先迷上

贺米达己的葡萄酒园，园地内布满了砾石。时值7月下旬，葡萄依然挂绿，直到8月中旬以后，西拉葡萄才开始转红。

波尔多美酒。波尔多的浓郁口感，香气特别是花香集中均衡，是令酒客倾倒的主因。假以时日后，才会逐步爱上较为清淡、园区复杂、小酒农众多与产量稀少的勃艮第酒，当然价钱也不比波尔多顶级酒实惠。至于第三个选择的罗讷河酒，特别是北罗讷河酒，便是以强劲的酒体、特殊的酒香闻名。这种酒香夹杂着青草或橡木、干草等气息，是以个性，而非“媚俗”见长。也因此，很容易地召集了一批终生忠贞不渝的支持者，帕克大师即是其中的一员。

北罗讷河谷地的重心在于贺米达己红酒。这个在13世纪开始成名的酒区，共有125公顷，由于成名得早，逐渐地被财力雄厚的酒商搜刮殆尽,例如年产150万瓶的安内园(Paul Jaboulet Ainé)、夏波地园(Chapoutier)及Cave de Tain l'Hermitage。除这三个大酒商外,面积占第四位的便是夏芙酒庄。能够在这个寸土寸金的宝山上挣得一席之地,要归功于这个酒庄的悠久历史,以及先人独到的眼光。

在夏芙酒庄的酒瓶上,近颈部正中间有一个小标签,上面注明本酒庄乃“自1481年由父传子”而来。好一个神气的标记!的确,这个家族自15世纪末叶便在罗讷河的隐居地山区对面西南的山区落脚。这地方也是酒区,目前被称为圣约瑟夫(St-Joseph)酒区。这里与隐居地山坡仅一河之隔,相距不过10米上下。除了土质与排水功能较不同外,其他风土条件应当差距不远,同样也以西拉葡萄为主。夏芙家族在此地落地生根400年后,19世纪末,法国各地流行的葡萄根瘤蚜虫病也传来这里,于是夏芙家族便迁到北罗讷河东岸的隐居地山坡,开始种植果树及建造房舍,然后一步步扩张家产,至今终于拥有了15公顷的宝贵园产。

夏芙酒庄共有8个小园区,其中有4个小园区栽种白葡萄,也就是当地出名的玛珊(Marsanne)以及胡珊(Roussanne)葡萄,这些白葡萄都已经是60岁的高寿。本园另外3/4的产能,则是接近40年的西拉红葡萄树。夏芙酒园在第二次世界大战前后属于平凡的酒庄,但是在20世纪70年代初由老庄主吉拉德(Gerard Chave)接手后,以纯粹传统、一丝不苟的手法酿制,逐渐打造出本酒庄的金字招牌。

本酒庄最大的特色是坚持传统。20世纪80年代,世界经济繁荣,追求顶级酒者众,各酒庄莫不挖空心思来酿制果味强劲、果体丰富的顶级酒。除了在醇化过程中强调使用昂贵全新的橡木桶外,也在葡萄栽种过程中强调“疏果”的技术。一般顶级酒园每株葡萄分成左右两支,各留4～6串,其余果实皆剪弃不用,以求果体的结实。我个人前两年在5月葡萄结果时途经勃艮第夏商内镇梦拉谢酒区时,看到每株葡萄树下散落一地的果实,真有暴殄天物之憾。而若干美国加州纳帕谷的酒园，甚至宣称其每株葡萄树最多只留2串葡萄而已，那岂不是“令人发指”的浪费与噱头？

但是夏芙酒庄的吉拉德老先生反对这种做法，他认为只要施肥得宜，由好土地、健康的葡萄树结出来的健康果实，便具备酿酒的天然条件。如果土地不好，种不出好葡萄，再有怎么高明的酿酒技巧也没有用。例如，夏芙酒庄虽有8个小园区，但其中便有一个种不出好葡萄的园区，只能作为种植其他蔬果之类的杂园之用。

夏芙酒庄强调了“混园”的功夫。西拉红葡萄产自7个不同的小酒园，经手工仔细采收后，会分别压榨与陈年，其中新旧桶互用，经过近2年左右的醇化后，再由酿酒师来混合各园区的成分。这颇类似XO白兰地的调和过程，所以夏芙酒园每年的味道自然会不同。

吉拉德老先生目前已经开始退隐，园务交给儿子杰·刘易斯(Jean-Louis)来经营。说起来也真讽刺，这位小当家早年曾在美国加州大学戴维斯(Davids)分校酿酒系就读。该校酿酒系造就出不少酿酒人才，尤其是美国加州各酒厂的酿酒师几乎没有不出自该系者。加州大学戴维斯分校酿酒系以科技与创新出名，常年来对于葡萄新品种的研发与酿酒设备的钻研，和法国波尔多酿酒大学以及德国莱茵河畔的盖森海姆(Geisenheim)酿酒学院鼎足而三，成为世界酿酒学的三大重镇。

但加州大学戴维斯分校酿酒系和德、法两个酿酒学院稍有不同的是“野心”。美国加州大学酿酒系有一个愿望，便是让美国取代法国，成为葡萄酒产量与质量的世界重心。其实在200年前，法国酒本来不比意大利酒或西班牙酒来得高明，但法国酒农懂得用科技——包括重视酒窖的清洁与耕种的科技，才将法国酒的质量大大提升，将各国抛在后面。所以，戴维斯分校强调科技，一切向科技看齐，也因此对创造出“新世界酒旋风”功不可没。

没想到远赴加州学艺归来的夏芙酒庄小少东没有染上这一股“科技风”，反而比老爸更注重传统。除了使用马匹来耕地

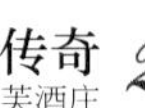

贺米达己酒区中难得一见的小酒村——位于贺米达己南端的克罗采·贺米达己(Crozes-Hermitage)。

外,也开始使用有机种植法;在酿造工艺方面,除了引进控温设备外,并没有引进太多革命性的科技。看起来这笔留学费是白花了。

其实不然,小少东第一个学位是MBA,当然知道物以稀为贵的道理。1982年跟随父亲酿酒后,他累积了许多经验,尤其成功地利用质量控管的方式,很快在20世纪80年代之后声誉鹊起。

夏芙酒庄的白酒年产只有1500箱(近2万瓶)。以2004年份为例,2007年的《酒观察家》杂志评了97分,美国市价为210美元。而次年2005年份表现更好,2008年的《酒观察家》杂志评了98分之

3 款夏芙酒庄的贺米达己红、白酒。背景为已故台湾现代水墨大师席德进的素描《少女》(作者藏品)。

高，仅次于夏波地隐居地白酒的99分。在价钱方面，夏芙酒庄白酒为245美元，评分第一名的2006年份夏波地白酒为210美元。尽管如此，2005年份夏芙酒庄白酒的价钱还是输于评分只有94分、居第10名、2006年份的安内园小教堂(Paul Jaboulet Ainé La Chapelle)白酒，其售价为345美元。我个人的解读是：小教堂的红酒太有名了，且是北罗讷河红酒中最有名的一款，难免影响到白酒的价钱。而当年份的安内园小教堂白酒是该园第一次酿制白酒，当然会引起酒界的高度兴趣，人人都想一试。

另外，比2005年份差一些的2004年份夏芙酒庄白酒，2009年夏天在德国的市价已高达130欧元，折合美元约200美元，算是极为昂贵的白酒。

至于夏芙酒庄的贺米达己红酒，年产则在2500～3000箱之间，易言之，只在30000～35000瓶之间，的确是十分稀少，也因此2005年份酒在美国的售价为每瓶245美元。依2009年5月份拍卖的数据显示，1978年份为780美元，1989年份为241美元，1990年份为529美元，1995年份为158美元，1999年份为171美元，2000年份为161美元。相形之下，广受欢迎的北罗讷河积架酒园(E. Guigal)著名的拉慕林酒(La Mouline)，1978年份为1792美元，1989年份为468美元，1990年份为651美元，1996年份为220美元，1998年份为363美元，1999年份为640美元，似乎两者还有一段距离。

但是真正让酒迷们动心的，是1990年才初次酿造的凯瑟琳精选级，这是夏芙酒庄用各个小酒园的产品加以调配而成的。很有个性的小少东不凭外在“年份”好坏评定，独立判断。哪一年只要他发现葡萄长得特别好，酒也酿制特别好时，他便选择最满意的几桶出来——即凯瑟琳级。至今仅有1990年、1991年、1995年、1998年、2000年及2003年才有酿制。2005年虽是不错的年份，但似乎没有酿制的消息。由于每次仅有200箱上下，共2500～3000瓶的产量，真的不知道要如何才有办法购得一瓶。除了锲而不舍的精神加上运气外，大笔钞票是免不了的！美国《酒观察家》杂志(2008年11月15日出版)对2003年份的凯瑟琳给了99分的高分，年产量为240箱(2880瓶)，定价为每瓶1300美元。

1995年份一出，美国的帕克大师马上给予97分的高分，并说此酒可以陈放30年以上。价钱方面(以2009年5月份的美国定价而论)，1990年份为1080美元，1995年份为1395美元，1998年份为1125～1500美元，2000年份为995美元，最新的2003年份则为1300美元。显然已经是整个罗讷河区最昂贵的红酒了。

上述关于夏芙酒庄红、白酒的价钱，只是媒体上的"市价"，消费者实际在市场的购买价往往还要多三成至一倍，所以都是偏低的估算，应当注意。例如，2000年份的凯瑟琳精选级，虽然在2009年的市价定为995美元，但在实际的拍卖场上标得此年份酒至少已达1500美元，这还是最不看好年份的售价。

在了解夏芙酒庄红、白酒的基本行情后，李兄又另外多携来一瓶2002年份的贺米达己红酒。我也发现酒窖里有一瓶较老的1983年份贺米达己红酒还未品试。这瓶已经充满了沉淀的老酒不知滋味如何，何不一试？夏芙酒庄的习惯是最不喜欢沉淀的酒质，因此我们期待过多的沉淀不至于减损该酒的芬芳度。

我还仿佛记得这4款酒的滋味大致如下：

一开始试的1998年份贺米达己白酒，颜色淡黄偏绿，有点油光光的胶质感觉。夏芙酒庄对白酒的酿造是经过缓慢的程序，完全由天然酵母菌发酵，据说有些年份还会花长达一年的时间来完成发酵的程序，这种情形和匈牙利托卡伊(Tokaj)酒区酿制极其珍贵的艾森西雅(Essencia)宝霉酒极为类似。此款贺米达己白酒不似梦拉谢白酒的酒体浑厚强壮以及有强烈的太妃糖及橡木桶味，反而有优雅的花香及隐约的浆果味，我觉得还有一点点的青草味，可说是一瓶隽永生津、令人回味的好酒。记得当时我们是佐以铁

要找一个背景来搭配夏芙酒庄的凯瑟琳级贺米达己并不容易。后来我想到夏芙酒庄成立于1481年，相当于我国明代成化年间。刚好我最近收藏到一张明代一品文官仙鹤（双鹤祥飞）章补，乃出土文物，珍贵异常。自从我开始收藏清朝章补的25年来，第一次遇到出土的明朝补子，得之欣喜万分。收藏之乐也就乐在此一刹那，有“接近天堂”的醺醺然感觉。遂将这两个渊源于同时代的“产物”——一个已成历史，另一个仍生生不息——并列一起，也发出慨叹：明代典章制度何其辉煌灿烂，明代“成化瓷”成为世界的“瓷宝”，但主其事者都已灰飞烟灭。反而当时远在偏僻落后的法兰西罗讷河一隅，还有一脉相承的家族葡萄园延绵至今。法国的勃艮第、德国的莱茵河谷、意大利……都所在多有。欧洲物质文明的伟大，就伟大在这些平凡百姓对于谋生之资与工艺的传承与坚持。

〔**艺术与美酒**〕

踩葡萄的男人：一望即知是出自埃及古墓的壁画。画中有五个奴隶在水槽中踩葡萄，另一个奴隶在处理从水槽右边流出的葡萄汁。右上角是四个与人身等高的储酒陶瓮，最右边则是硕果累累的葡萄树。壁画很生动地描绘出公元前1500年左右古埃及人的酿酒过程。

板烧的清蒸鳕鱼，鳕鱼上面虽然铺着嫩姜，浸上料理用的一般葡萄酒以及若干的花椒、胡麻，但是并不夺味，反而衬托出贺米达己白酒清新的味道。

其次登场的2002年份贺米达己红酒，被帕克评了91～94分。1999年份被美国《酒观察家》杂志评了96分的高分，接着2000年份竟跌到88分，2001年份稍好（89分），但2002年份惨跌到82分，2003及2005年份表现最好（各为94分），2004及2007年份普通（均为90分上下）。所以，这瓶最差年份的2002年份贺米达己红酒，足可检验夏芙酒庄在最严苛年代的表现。

开瓶仅1个钟头左右，紫红色、中等丹宁的酒液入口后马上感觉到一股淡咸味，这个咸味一直到3个钟头后仍然存在。感觉不到浓烈的花香，只有浆果、皮革及矿石味，但不明显。除了淡咸味外，还有若干酸味及甜味，口感堪称复杂。大致上是属于均衡、绵密与细致的好酒，酒体并不澎湃。帕克曾形容本酒在4年后（2006年）会达到高峰，直到2015年。对此我们颇为怀疑，因为开瓶2个钟头后，本酒已经相当疲弱不堪，温顺而不突出。

接着上场的是1994年份贺米达己红酒。虽然已经有15年的历史，但仍然可以发觉在酒边缘上还有淡淡的紫色。顶级红酒经过10年以上的时间，理应“汰尽红紫”而进入到“全红”的“色界”，但显然这瓶红酒的醇化还在缓慢进行中。入口后，

〔艺术与美酒〕

《餐桌之一角》：这是法国印象派大师亨利·方丹－拉图尔（Henri Fantin-Latour）的名作。当时，大画家德拉克洛瓦（Delacroix）、马奈（Manet）及画家本身（最右）都在画中，图中桌上漂亮的醒酒瓶仍是目前最受欢迎的醒酒瓶样式之一。本画绘于1872年，现藏于巴黎奥赛美术馆。

浓厚的浆果、花香以及橡木桶香扑鼻而至，但也可感觉到酸梅式的淡淡酸味，这款酒还有陈年实力。我特别喜欢它的丹宁感觉，明显存在而不突兀，时隐时现，果然令人印象深刻。

最后一款1983年份的贺米达己红酒属于中等年份，但看到瓶底有半英寸高的沉淀，我就知道至少得醒酒5个小时。果然，5个小时后，澄清的酒液已经转换成橙色带点微红，像极了老的意大利巴罗洛(Barolo)红酒。扑鼻而来的则是一股皮革、矿石土、青草味，当然也不免有浓厚的花香。口感则是顶级老酒常带有的淡甜味，不可思议的老黑比诺酒常见的梅子味也屡屡显现，令人舍不得入咽。可能是年份不好，这瓶经过了1/4个世纪的贺米达已红酒已经走到了生命的尽头。无怪乎我们试了1个钟头后，杯底残剩的最后一轮已经失去了强烈的酒体，只留下令人感伤的优雅香气。我想，“美人迟暮”的光景大概也就是如此吧！

如今，夏芙酒庄已经成功地和积架酒庄、安内园酒庄与夏波地酒庄并称为北罗讷河4个最光辉灿烂的酒庄。夏芙酒庄当家父子的杰出成就，尤其是对传统的坚持，相信公正的“历史之神”会给予最大的庇护。夏芙酒庄的少东曾经讲过一句话：“要让家族谱写的历史传承下去。”我们相信，这段“北罗讷河的传奇”是会如罗讷河水一般，由北向南，一路绵绵不绝、永远地长流不断。◆

〔艺术与美酒〕

《酿酒房内的儿童》：两位嘴馋的儿童，抵挡不住满桶熟透葡萄的诱惑，大快朵颐一番。红、白葡萄的色泽十分写实与迷人。作者为奥地利人华得米勒（F. G. Waldmüller），作品绘于1834年，现藏于维也纳下奥地利州博物馆。

后记

本文完成后，恰巧一位生性潇洒、热情，且收藏美酒近万瓶的酒友蓝兄 Jerry 告诉我，刚刚由美国收集到近 1 箱 2000 年份的凯瑟琳精选级，尚未一试，约我及台北医学大学附设医院的好友吴志雄院长一同小试，我自无拒绝的可能。红色的酒标上绘有两个暗色酒瓶，两旁各立一个广口杯及一串葡萄，右下角署名“凯瑟琳”，原来这款酒是以这个标签设计师的名字命名的。

酒标右下角注明 2000 年份总共产酿 2450 瓶，本瓶编号为 1946。我知道这种“大酒”绝对需要至少 5 个钟头来醒酒。醒酒过后，酒体呈深桃红色且十分亮丽，入鼻后可以嗅到明显的檀香、甘草及淡淡中药味，还有浅浅的干燥花香。比较精彩的是入口的感觉，丹宁十分轻柔，中度酒体，平衡感甚佳。起初有轻微的咸味、矿石味，夹杂着丝丝苦味与酸味，随后转为甜味，十分优雅。最后，薄荷味增强，直到开瓶后 2 个钟头，仍然没有消退的迹象。同样是浸淫美酒、美食甚久的吴教授伉俪几乎为此优雅的余韵而陶醉。整体而言，虽然 2000 年只是普通年份，但凯瑟琳精选级既然是夏芙酒庄的力作，自然代表了庄主的自信，以及挑战大自然（the Mother of Nature）的雄心。不过，人力终究很难胜天，我在这款好酒上已经看出了酒体的“疲态”。我相信，这款酒已步上了高峰，因此建议在 10 年内快乐地享用。

有“红”不可无“白”。为了试试这款凯瑟琳精选级，Jerry 还特别准备了一瓶

1990年份的贺米达己白酒来作为开头酒，我也乐为和已尝过的1998年份的白酒作一个比较。

白酒毕竟无法和岁月之神相抗衡。这款已有18年岁月的白酒所呈现的深稻草黄色，显示出已进入巅峰后期的阶段。果然，入口有些微氧化的气味，像极了老梦拉谢酒。中度的焦糖、干草以及干果类味道，也有淡淡的蜜饯香气，回味甚长。开瓶1个钟头后，慢慢失去优雅的吸引力，香气也散去。又是一种“美人迟暮”的惆怅！但是这款酒给我们带来的1个钟头的期待与快乐，正是它日后不会被我们遗忘的因素。

这是标准的老酒窖，以木质酒架为主，潮湿阴暗，到处有霉菌与蜘蛛网，一看就有两三百年的历史。摄于勃艮第布歇父子园。

以水泥或石头修筑、通风与排水状况良好的新式酒窖，不觉潮湿与霉味。窖中皆为新橡木桶，用于顶级红酒的醇化。摄于勃艮第夏商内一梦拉谢酒村的皮卡酒庄。

3

圣杯骑士的良伴

大作曲家理查德·瓦格纳与圣裴瑞酒

在上篇记述北罗讷河夏芙酒庄时曾提到该酒庄的老家在罗讷河对面的圣约瑟夫(St-Joseph)酒区。我曾在两年前趁着拜访隐居地(贺米达己)酒村的机会,渡河到这个历史悠久的酒区去逛逛走走。但我主要的目的,是要到紧接着此酒区向南的圣裴瑞(St-Péray)酒区去找几瓶本地著名的白葡萄酒。

圣裴瑞是一个仅有7000人的小酒村,早在罗马时代就已经有驻军与移民带来葡萄的种苗。由于地理位置的重要,山坡上还建有一个堡垒,称为“克鲁索”(Crussol),至今此废墟还俯瞰着山下郁郁葱葱的一片葡萄园。

中古时代的10世纪左右,此地已经是葡萄园密布的酒区。本来是以种植红葡萄为主,后来发现土质不合,还是酿制白葡萄酒为宜。白葡萄种类和对岸的隐居地一样,都是玛珊(Marsanne)与胡珊(Roussanne),总面积只有35公顷,每年总产量在30万瓶上下。

这里盛行白葡萄酒还有一个原因:在中古世纪,本地原属一个天主教会所有,常年来修道院修士们都以罗讷河中捕获的鱼鲜为食,白酒佐配鲜鱼,自然成为不二选择。而“圣裴瑞”之名称,乃拉丁文“圣彼得”,所以本酒区本为天主教的采邑。法国大革命时天主教教产遭充公,圣裴瑞酒

克鲁索城堡的废墟至今犹存。

一度被改名为“裴瑞酒”,大革命后又被恢复老名称。1936年底开始，获得官方法定AOC的名称。

相对罗讷河右岸隐居地白酒的浓郁、价昂，一河之隔的圣裴瑞酒在芬芳度、酒体的结实与陈年实力上都要来得轻薄,但口感隽永，花香与核桃等香气浑然一体。更重要的是价格合宜,一直是品酒会上作为罗讷河左、右岸的对比项目之一。

我在圣裴瑞区中心点北方名叫科纳(Cornas)之处,找到一瓶由弗吉酒庄(Domaine Alain Voge)所酿造的圣裴瑞酒“克鲁索之花”(Fleur de Crussol)，索价不过20欧元。为何我特别钟情此酒？答案是:这是德国19世纪大音乐家理查德·瓦格纳最喜爱的法国酒。

我自年轻时代起便崇拜瓦格纳的歌剧,他简直是我心中的神。我对他的所有作品,由《漂泊的荷兰人》到《尼贝龙根的指环》,都听了数十次。理查德·瓦格纳的作品不似意大利歌剧（如普契尼或威尔第)容易上耳;旋律也不比莫扎特,能马上牵引着听众的心弦久久不放。瓦格纳的乐曲有一股深沉的张力，或是绵延不绝,或是热血沸腾的激昂,会使人昏眩入迷。所以古典音乐界的瓦格纳迷是很特殊的一群:绝对唯心论,绝对的崇拜,以及绝对的“忠贞不渝”。

所有瓦格纳的作品中,我至今仍然不解的便是他生平最后一部歌剧作品《帕希法尔》(Parsifal)。这部描写圣杯骑士帕希法尔的传奇的作品,将大师晚年基督教的救赎观以旋律激情地显现出来。没想到却将其多年的粉丝，也是最有名的大哲学家尼采激怒得公开与其决裂。尼采还引经据典来批判这位他当年心目中的偶像。

而乐史上非常清楚地记明，1877 年，理查德·瓦格纳开始埋首谱写《帕希法尔》时，还向圣裴瑞订购了 100 瓶酒，并嘱咐以"快件"送达他位于德国巴伐利亚州西北部的拜鲁特(Bayreuth)小镇住所处。看样子大师没有圣裴瑞酒的滋润，便无法文思泉涌地将圣杯武士帕希法尔——这位武士将护卫在最后的晚餐中盛装过耶稣圣血的圣杯作为一生职志——的生平化为五线谱上的精灵吧！

我马上翻出《帕希法尔》歌剧的歌谱，在第一幕果然出现了下面的歌词：

取用面包吧！让它果敢地变成你的生命之力与强健力量，至死不渝地完成救世主的大业；

饮用葡萄酒吧！让它重新地赋予你有如火焰般血液的生命，以神圣的勇气协同弟兄奋战到底。

瓦格纳笔下的圣杯骑士，显然也怀抱着"醉卧沙场君莫笑"的壮志豪情。

圣裴瑞原本只酿造白葡萄酒，但自从 1825 年有一位香槟区的酿酒师来此地访友，品尝到本地白酒的美味后，遂自告奋勇地把香槟区酿香槟的技巧一股脑地传授下来。3 年后，本地区第一瓶气泡酒终于面世。如今这款被称为"圣裴瑞气泡酒"(St-Péray Mousseux) 的"法国第二种香槟"，已经超越了勃艮第、卢瓦尔河或其他地方的气泡酒。

除了理查德·瓦格纳是他的忠实客户外，另外一个大名鼎鼎的客户是沙皇尼古拉二世。这位大独裁者喜欢香槟是出了名的，不论是拙著《稀世珍酿》中被列入世界"百大"的侯德乐(Roederer)酒庄的水晶香槟(Cristal)还是拙著《酒缘汇述》中提到的凯歌香槟(Veuve Clieqnot Ponsardin，参见《典雅富丽的欢乐之泉——克礼克·彭莎登的"伟大夫人"香槟》一文)，都是靠着尼古拉二世的赏识而扬名立万。沙皇也经常饮用圣裴瑞气泡酒。大概只有在皇室的宴饮中，才会端上前两款极为昂贵的正牌香槟吧！

随着法国香槟的价钱飙高，圣斐瑞气泡酒也由配角的地位骤升为主角。以最近两年的统计，每年本地区30万瓶的产量，有接近六成是气泡酒，一般白酒反而只占四成而已，看来法国香槟区已经遇到了一个强有力的挑战者。

除了价格因素外，传统酒庄将香槟在木桶中发酵，而不在不锈钢桶中发酵，求其饱满的气息。在发酵过程中，本地酒庄大都还坚持慢工出细活，以传统香槟工艺法，让酵母与糖分在酒瓶中作二度发酵，虽不如现在大多数酒庄用密闭大桶进行二度发酵来得迅速又省工，但却是圣斐瑞气泡酒获得名声的重要因素。

回到台湾后，我到处找寻圣斐瑞酒，终于在专门进口罗讷河酒的“心世纪”发现有进口此款冷门酒。最近我试过一瓶克里昂酒庄(Yves Cuilleron)的“雄鹿”(Les Cerfs)圣斐瑞酒。这酒庄在本地区有52公顷大的园区，分布在5个小酒区中，规模算是中上了。雄鹿酒由几十年的老玛珊葡萄酿制而成，从发酵程序到9个月的醇化期，都在橡木桶中进行。年轻的庄主Yves是标准的酒农，除法语外，不会用其他语言和外国人沟通。每年雄鹿酒只有4200瓶产量，基本上没有外销的配额。虽然“心世纪”神通广大，但每年进口本款酒的数字亦只有2箱，共24瓶。

2007年份的雄鹿酒，是淡绿偏黄的颜色，极为澄清，高度的花香，入口后有明显的甜味，回甘则夹杂着一丝丝咸味，这是玛珊或胡珊葡萄的特色，甚至整个罗讷河区的顶级红酒都会有这种明显的咸味，这恐怕是因为本地区在侏罗纪之前是海底地形的缘故吧！这款酒在台北市的市价不过千元上下。喝腻了美国加州肥美与凝重口味的霞多丽酒，或者不想瘦下荷包喝勃艮第梦拉谢酒的话，圣斐瑞酒当是另一种选择。

理查德·瓦格纳的铜版画肖像（作者藏品），由冯·贺克默爵士所绘，时为1877年。旁为2007年份的“雄鹿”圣裴瑞酒，距离瓦格纳订购本酒与冯·贺克默绘画此图的时间正好130年。

可惜，在丝毫没有香槟文化的台湾，香槟酒的销路一向奇惨无比，其他地区的气泡酒更没有酒商愿意投石问路。我期待出现一位“气泡酒伯乐”，勇敢地将圣裴瑞气泡酒，甚至卢瓦尔河以白诗南(Chenin Blanc)葡萄酿成的佛瑞(Vouvray)气泡酒——这可是法国大文豪巴尔扎克最喜欢的酒——引进台湾，让香槟文化在台湾有开始扎根的机会。

瓦格纳既然在我心中占有仅次于耶稣的神圣地位，理应不能没有其画像。我对收藏艺术品既然有兴趣，自然在过去30年到处留意有无瓦格纳的真品肖像。皇天不负苦心人，1987年夏天，当我在美国波士顿哈佛大学法学院作博士后研究时，某日路过一个专卖古籍的书店，店里有几张铜版画待售。我一眼就看到一张瓦格纳的肖像，画家居然是著名的冯·贺克默(Hubert von Herkomer, 1849—1914)。贺克默也许已被现代人所遗忘，但在19世纪末却是有名的人物画及铜版画家。他出生于德国巴伐利亚，中年以后入籍英国，成为皇家艺术院院士，获颁为爵士。我读书的慕尼黑市区内至今还有一个贺克默广场(Herkomer Platz)，所以我对此人并不陌生。当我向店主“假装”询问此肖像为何人时，没想到干这行买卖不少岁月的店主居然回答：“一个不知名老绅士的画像。”结果，我当然是以自己都不敢相信、道德感也逼使我不得再还价的价钱买下了这幅我30年收藏生涯中最得意的“猎品”之一。

这幅冯·贺克默爵士绘画的作品本是油画，而后绘成版画。原画本来是送给瓦格纳的，瓦格纳死后，其住所“梦幻之静”(Wahnfried)改为瓦格纳博物馆，肖像油画依然悬挂在内。不料，1945年盟军一场空袭，毁掉了这件作品。幸而还有若干铜版画传世，但一般美术馆，甚至介绍瓦格纳的传记内似乎都没有典藏记录。我也早已决定日后将本件铜版画作品捐赠给瓦格纳博物馆。

冯·贺克默的瓦格纳肖像完成于1877年,正是瓦格纳为谱写《帕希法尔》向圣裴瑞订购100瓶美酒的同一时间。我遂将一瓶圣裴瑞酒与此幅传世不易的瓦格纳肖像一起留影,这可是多么难得的历史巧合啊!◆

德国创作于20世纪初的瓦格纳塑像。

这是另一款在台湾难得一见的圣裴瑞酒,乃维拉酒庄(F. Villard)生产的2007年份,全由玛珊葡萄酿成,口感较为浓郁,香气十足,单饮或佐餐皆宜。

4

笑傲公卿的美酒

勃艮第“72变”的顶级伏旧酒

8月下旬，伏旧园的黑比诺葡萄正由翠绿转红。

话说在第一次世界大战爆发后，法国前线某部队得知，前线溃逃来的一批法军士兵中混进了几名德国间谍。由于德国在邻近法国阿尔萨斯及洛林等地区的人民都熟习法语，光凭语言口音，根本无法区分敌我。一个聪明的法国宪兵上尉心生一计，他召集这批法军士兵，告诉他们今晚可在酒吧尽情饮酒——“国家请客”！众士兵当然欢声雷动，涌进酒吧内狂饮。这位上尉注意到有两个士兵只喝啤酒，便立即逮捕他们，果然抓到了德国间谍！这个似真似假的故事说明：人是习惯的动物。不信的话，您可以在自助餐台前观察，每个人点菜都有习惯的“针对性”！收藏酒也一样。就我而言，一旦我瞄到酒店店架上陈列法国勃艮第的伏旧酒(Clos de Vougeot)时，会完全自动地拿起来一瞧，同时也开始动心。

尽管台湾顶级酒消费者的眼光大多仍只集中在法国波尔多地区，甚至只集中在梅多克区四大酒庄，但是若要强调特殊的品味，或是稀少性，恐怕就非勃艮第的顶级酒不可。一瓶“顶级中的顶级”勃艮第酒，也就是出自一个最著名的、年产不过一两千瓶的小酒庄，出自一个传奇酿酒师手中的好酒，绝对是拍卖会或品酒会上的宠儿。这才是真正的梦幻酒。我在本书中的《法国勃艮第的神酒与酒神》一文中已经提到这点。

近年来，勃艮第顶级酒也一再比肩波尔多顶级酒的飙涨风，以至于过高地抬高了勃艮第酒的售价。香港最著名的《酒经》杂志社社长刘致新先生曾经以“闯地雷阵”来形容收藏、购买勃艮第顶级酒的风险。这句话也可反映出外行人投资勃艮第顶级酒的失策。

伏旧园中唯一的酒庄“伏旧之堡”(Château de la Tour)的酒窖，仍藏有数十年的老酒。

而刘社长点名的这个“地雷阵”中，危险度最高的雷区，正是勃艮第酒区最著名的伏旧酒园，这也是最具有传奇色彩的勃艮第酒园，常年来代表了勃艮第酿酒人的尊严与骄傲。

伏旧园位于勃艮第的夜坡（Côte de Nuits)中段，在总共50公顷的顶级酒园中，有一个1551年重建的城堡。它所在的以流经小河伏旧河为名的酒村在9世纪已建村，在13世纪已有本园，为天主教的一

本书作者摄于伏旧园及伏旧之堡。

个教会所拥有。这个名为“西托”的教派11世纪时已在此处，是法国天主教的重要支派，也是一个具有革命与反叛思想的宗教团体。中古世纪罗马教会的奢华腐败，引发了教会内不少有识之士的反省：耶稣一辈子不蓄私财，不营建华屋美室，也不衣绸戴玉，才能建立基督教的王国，为什么教会不能回到当年耶稣传教时代“清贫”的生活模式？我们在“国中”历史课本中都读到过欧洲宗教革命的史实，但台湾没有壮丽豪华的天主教及基督教堂，很难想象五六百年前教会是如何的腐化奢华。我出自天主教家庭，从小在纪律严明的意大利耶稣会神父主持的教堂环境中长大。教堂神父生活堪称俭朴。在德国读书时，第一次到罗马朝圣，终于目睹到衣着华丽，手指上戴着宝石戒指，身上抹擦名贵香水，仿如明星式的枢机红帽主教的“风采”，才开始想象出当年德国的马丁·路德发起宗教革命的动机了！

因此，西托派主张“耕食苦修”，所有教士都必须下田工作，这和本书《引我入美酒世界的“敲门酒”——900岁历史的德国约翰山堡酒园》一文中提及的掌园教派修士宣扬的是同样的教义。

伏旧园的历代园主都是酿酒行家，所产酿的精品经常作为主教或大主教的供奉品，逐渐地成为顶级勃艮第酒的代表。

在拿破仑时代，本园达到了声望的巅峰。当时流传一个插曲：在某次拿破仑领兵东征时，路过本区。好酒的拿破仑当时正逢不惑之年，闻知本园藏有40年的好

拉马史酒庄(Domaine Francois Lamarche)1994年份伏旧酒。拉马史酒庄也是勃艮第有名的酒庄,共有8公顷的园地,其中一半都在明星级的顶级酒区,在伏旧园园区内有1.3公顷,年产量在4000瓶上下。背景为戚维义大师所绘《钟馗醉酒》(作者藏品)。只见钟馗虬髯奋张、醉眼半闭,好一副醺然醉态。

酒，便差遣副官前来本园索酒。谁知道本园的园主戈不理（Don Goblet）院长竟给这个副官一个软钉子：“皇上如果对本园老酒有兴趣，请皇上亲自来品尝。”碰了一鼻子灰的副官回报拿破仑后，这位不可一世的皇帝并没有认为戈不理的顶撞是“大不敬”或是“出师不吉”而加以问罪，只笑笑说：“好一位有骨气的院长。”

这件发生在200年前的传奇，让我们看到了独裁者拿破仑光明且人性化的一面。我们不妨想象，若是发生在我们大清乾隆爷时代，可能伏旧园会遭到“满园抄斩”的厄运吧？

也可能因为连拿破仑都加以赞誉，以至于拿破仑麾下有位比松将军有一次在率队行军经过伏旧园时，下令全军向本园致敬，因此以后有好一阵子法国军队路过此园都有敬礼的传统。不过据我本人2010年8月访问本园时询问当地酒农得知，这个军礼致敬的传统已随着其他老传统一起，都已成为明日黄花！

伏旧园在整个19世纪都是以酿制能轻易陈放20年以上的好酒著称。整个50公顷的伏旧园能年产近20万瓶，足敷法国顶级美酒消费圈子的需求。但是，伏旧园亦同勃艮第各酒庄的缺憾一样，通过继承、分割，使得酒园一再重组，时到今日，整个伏旧酒园只有200多村民，但却被分割成将近72个酒庄，分别酿酒销售或交由销售商装瓶出售。

伏旧园50公顷的园地，四周完全被一道高及胸部的砖墙所围绕，这也是法国少数全部用围墙围起的酒区（波尔多的加农

格厚斯兄妹园（Gros F & S）1991年份的伏旧酒。本酒庄也是勃艮第的顶级酒庄之一。

堡也是一例)。伏旧园位于一个只有3～4度的斜坡上，长约240～265米，葡萄园质量以坡顶（土层只有30～40厘米厚)为佳，中坡为次，下坡最差，因此有人称上坡为“教宗级”、中坡为“主教级”、下坡为“神父级”。在法国大革命时期本园被拍卖前，教宗级伏旧园佳酿只用作馈赠国王、王公大臣及教会高阶人士，一般富商巨贾只能花大钱购得主教级。

伏旧酒的价钱及质量大致上便作这三种区分。但是，如果碰到有心的园主，也会利用其他的酿酒方式，例如用新橡木桶醇化、严选葡萄来改善质量。例如号称勃艮第“铁娘子”的拉鲁女士拥有的乐花园(Leroy)主要是在下坡左方，理应是本园最差的角落，但拉鲁女士却能巧手调配（她在上坡有一小片园地)，一样酿出风味强劲且酒体饱满的好酒，出厂价至少200美元。乐花的成功，打乱了伏旧园价格区分的定律。

近年来勃艮第顶级酒价的飙涨风，也飙到了伏旧酒。伏旧酒名气太大，一般酒商及消费者却搞不清楚一款伏旧酒到底出自上坡还是下坡，也分不出是顶级还是一级(注意：标签上标明Clos Vougeot的可能为一级酒；若是Vougeot，绝对不是顶级酒)。而72个顶级伏旧酒庄平均年产不过200箱、3000瓶上下，有些小酒庄甚至年产不足千瓶。市面上也鲜有介绍这些顶级小伏旧酒庄的信息，所以伏旧酒的价钱极为混乱。但价钱混乱不是低得混乱，而是高得混乱，这便是刘致新社长所说的

乐花园的伏旧酒是一种打破行情的代表作，其产区是在伏旧园下方的最差地段，却以最高价位卖出。

卡木塞园(Méo-Camuzet)的伏旧酒绝对不是“地雷酒”。若想一亲伏旧酒的芳泽，本酒是不二选择，但至少要付出同年份拉菲堡一至两瓶的代价。

“地雷中的地雷”。

在这里，帕克提供的11款顶级伏旧酒的名单可提供酒友们参考：C. Groffier, J. C-Contidot, Gros F&S, J. Gros, H-Jayer, Leroy, Méo-Camuzet, M-Mugneret, G. Mugneret, G. Roumier, J. Tardy。

然而，勃艮第酒，特别是已成熟的勃艮第酒，有一股特殊迷人的熟李子风味。我从小就喜欢喝酸梅汤，台湾素有“水果王国”的美称，各式的蜜饯都是我的最爱。勃艮第老酒这种蜜饯幽香、花韵不绝，加上砖红的迷人色泽，色与味都优雅至极。佐餐固佳，单饮更胜一筹。饮惯黑比诺丝绒般的细致，一下子撞到西部牛仔般强劲有力的加州纯赤霞珠酒、澳洲西拉酒，或是不够陈年的波尔多酒，顿时会有一身亮丽地走在街上却遭到一阵急风暴雨的不适与唐突。

我绝对体会得出勃艮第酒良莠不齐及价格偏高的缺点。不过我也绝对经常“勇于尝试”，对于陌生的勃艮第红、白酒，我都有一试的乐趣。尤其是充满了历史典故的伏旧园，许多藏酒家穷其一生也鲜少遍尝所有各小酒庄。所以，伏旧园顶级的"72 酒庄"，正如同孙悟空有 72 变，每变技巧均不同，也各有看头，我们何不试试伏旧各酒园的"72 变"呢？

此外，我对伏旧园的译名也想补缀一语。港、台地区有将此园名译为"梧玖"的，虽然此译名与法语发音相近，但我总觉得像某种梧桐树名。想想本酒曾以长寿著称，而酒之所以为酒，受人们喜爱，正是因为酒可忘忧（曹操的名诗"何以解忧，唯有杜康"），解忧亦可长寿，所以我愿意将 Vougeot 译为"伏旧"，乃本酒可"降伏老旧"之意。2004 年时，本园曾公开的一瓶窖藏 1865 年份"三坡混酿酒"（由顶、中、下坡混酿），依旧芬芳异常，没有变质，向外界证明了本庄的陈年实力。正如同本文将不畏权势、笑傲公卿的老园长名字 Don Goblet 译为"戈不理"一样，也是"译以言志"之意。读者朋友们，您可赞同？◆

伏旧园庭园内留下的老式葡萄压榨机，已有上百年历史。

伏旧园内的唯一一座酒庄——伏旧之堡。

5

山居岁月的真与幻

普罗旺斯的两天与佩高酒庄卡波酒

13年前，当英国的彼得·梅尔(Peter Mayle)的《普罗旺斯的一年》(台湾译为《山居岁月》)在台湾上市时，曾造成抢购风潮。梅尔先生用轻松的笔法把12月的普罗旺斯山居生涯描绘得五彩缤纷，让每天忙于“早九晚五”，穿梭于拥挤车潮、人潮的台北上班族们，心驰神往于那块地上布满着紫色熏衣草，宝蓝色的天上洒着阳光，触目所及不是黄澄澄的柑橘就是晶莹可爱的红樱桃的“法国版桃花源”。

当我一口气看完这本书后，忙把我的感想与一位来台湾作研究的法国女学者艾琳分享。没想到这位出身于法国最顶尖学校——法国科技理工学院(Politechnique)的数学系高材生却以接近“嗤之以鼻”的口吻回答：“这是外国人写给外国人看的东西。法国人，特别是有水平的巴黎人，不会有兴趣到那个干枯之地、产不出好酒的穷地方去。更何况，旅游散文居然是由最无生活情趣的英国人写出来的，其水平可想而知。”

我当时的第一个反应是，艾琳这个小妮子，又想起“英法世仇”的旧恨，她对普罗旺斯的贬视，恐怕未必真实吧！

10年后的2009年8月中，我拜访完勃艮第的酒庄后，顺道南下普罗旺斯，希望以公正的态度来检验到底是梅尔先生的厚爱，还是艾琳的偏见。

教皇新堡区气势如日中天的佩高酒庄卡波酒，酒瓶设计典雅庄重。背景为台湾青壮派画家白丰中的油画《罂粟花》(作者藏品)。丰中兄也是葡萄美酒的鉴赏家，此幅画作让人想起普罗旺斯的春秋，当是五彩缤纷的美丽世界。

普罗旺斯在法国东南方，靠近地中海，是一个略成四方形的地区，包括了5个省。除了在14世纪曾经作为天主教中心的阿维尼翁(Avignon)是较具规模的城市外，其他都是小村庄、小乡、小镇，旅游与农业成为其最大的经济来源。

我买了一本普罗旺斯的导游手册，仔细按照书中所标示出来的“必游之处”一一造访。两天下来，可以说整个地方逛得很透彻，因为我们曾经在山区迷过路，弯弯曲曲在山中盘旋了好几个钟头。当然，我们也领略到了旅游手册与梅尔先生大作中没有提到的普罗旺斯山区的其他特色。总归一句话：脑筋清楚、条理分明的经济学家艾琳小姐的判断没错，这是一个虽然没有达到“穷山恶水”的程度，但也是“相对贫穷”的小山区。

橘子镇竞技场内部供音乐季使用的舞台。中间移来某位皇帝的雕像，造成视觉上画蛇添足的不搭感！

此地没有崇山峻岭，没有绿水环绕，更没有旅游刊物上所形容的“漫山遍野的熏衣草海”。山区居民看惯熙来攘往的各国旅客，商家们赚满他们的荷包。对于这一批批提供他们每年80%收入的观光客，理当“感恩”的普罗旺斯人却毫不吝惜地显露出对他们的厌恶，理由为“破坏自己的生活质量”！尽管如此，这两天的普罗旺斯之旅仍给我留下一些美妙的回忆，可与大家分享。

首先是橘子镇(Orange)的名称令人好奇。这个以“橘子”为名的小镇，我本以为是一个以栽种橘子、生产橘子有关产品(例如橘子汁、橘子果酱)而著名的城市，就像西班牙南部安达卢西亚地区一样。实际上，普罗旺斯乃罗马帝国在意大利本土外所设立的第一个行省，行省的中心正是这个小城，早在罗马帝国时代就是军政中心。城中心与周遭却没有任何橘子园，连空中飘来的气息，也只是富有地中海气息的橄榄树的味道。想象中满地绿果黄果的风景成了泡影，我不禁想起当年4月趁橙子花开之际到台湾云林古坑访友时，被满山橙子花香陶醉得感动万分的情景！古坑才真的应易名为“橘子镇”！

幸好，2000年前的罗马帝国在这里留下了一个极为雄壮的竞技场，以及一座典雅至极的凯旋门。这是一般观光客少到之处。

竞技场当然全部由块块巨石所堆起，规模虽然比不上罗马竞技场，但它保存得更完整，属于“小而美”的竞技场。夏天常举办音乐会，据说其回音之美，足以媲美希腊马拉松的圆形剧场。可惜我未能逢上音乐季，只能在竞技场中想象当年格斗士们的无情搏杀，以及音乐季时这里的仙乐缥缈。

橘子镇凯旋门全景。

而凯旋门则令人无限敬仰。罗马人在每次战役成功后都会妥善利用战利品，包括战俘以及民众的捐献，建盖凯旋门。流风所至，欧洲在18～19世纪几乎每个大城市都会建造一个凯旋门，连我当年就读的德国慕尼黑大学旁边，也兴建了一个长不过七八米、高不过两层楼的凯旋门。我当时很纳闷，问一位德国教授：“历史上从来没有打过胜仗的巴伐利亚军队，哪里来的凯旋门？”教授的答案妙极了：“这个凯

典型的长在石头堆中的教皇新堡老西拉葡萄树。

旋门是为纪念 1870 年普法战争胜利所建。”在那次战争中，巴伐利亚军队“很勇敢”地追随在普鲁士军队之后，战胜了法国。但是，就在 4 年前(1866 年)，普鲁士军队几乎大炮并未开打就在巴伐利亚北部轻易地“降服”了巴伐利亚军队。

罗马也有一座历史最久的凯旋门，但风化与破坏极为严重。橘子镇的凯旋门，则更精美地保存了门上的雕刻，不论是透过盔甲还是人物，都可以想见当时罗马工匠们的高超技艺。相信巴黎建造凯旋门时，设计师们一定曾来此处寻找灵感。

再者，来到普罗旺斯，也不免会到旅客汇集中心的阿维尼翁逛逛教皇的老皇宫，观赏街头艺人的表演。这都是一般游客的旅游点节目。尤其是街头艺人，不少是“旅游兼表演”赚点业余零用钱的临时演员；不然就是专门到各种市集、大城市巡回表演的专业街头艺人。例如一群五六个身披安第斯山印第安人披肩，口吹排箫表演的南美人，我曾经不止一次在巴黎、柏林以及伦敦的街道上看过他们的演出。

除了佐餐等级的粉红酒外，普罗旺斯找不到令人回忆的好酒，所以普罗旺斯酒是上不了正式台面的。日本《每日新闻》社驻巴黎分社社长西川惠的《爱丽舍宫的餐桌》这本书里面曾经提到，1994 年 5 月初，日本羽田首相访问法国，法国举行的国宴居然没有提供勃艮第或波尔多的顶级酒，反而端出普罗旺斯的地方酒来。敏感的日本特派员看出了端倪，说：“相信这并非法方偶然的失误，而是出于精准与现实的政治考虑。”因为“羽田首相是在自民党政权垮台后出任联合政府首相的，失去了执政优势的资源，法国看透他无力做出任何政治承诺，犹如一只纸老虎。政治的现实与人情冷暖，自然也就赤裸裸地表现在了无新意的待客之道上”。

法方用普罗旺斯酒来招待羽田首相，久在政坛以及宴饮酬酢中打滚的羽田首相一定知道法方的失礼与现实。相信吃了这一顿国宴后，羽田不胃痛才怪！要是事情发生在半个世纪前，“羽田武士”受此国格以降的屈辱，恐怕非要切腹不可，以谢天皇及国人！

倒是阿维尼翁这边的教皇新堡(Châteauneuf-du-Pape)吸引了我。教皇新堡周遭果然栽种了许多葡萄。这些葡萄树都有一个特色：长得极矮，周围堆满大小石砾的果树结果累累，没有以优质酒常用的“减果法”种植。

我到达教皇新堡时已值中午，高达38摄氏度的热浪迎面袭来，我连忙躲进附近一间看起来中规中矩的餐厅。经过侍者推荐，我们点了一份煎牛排、橄榄油煎鱼，以及“非点不可”的煎鸡肝。前两道滋味颇佳，最后一道的煎鸡肝则滋味更胜一筹。没想到法国人和中国人一样，对鲜嫩软滑的鸡肝，会知道佐上荷兰豆、洋菇以及橘皮丝入味，在这里我吃到了“中国味道”。

在热浪侵袭中，人们绝不可能有兴趣品尝口味浓厚、力道强劲的教皇新堡酒。我毫不犹豫地点了一瓶普罗旺斯的粉红酒 Tavel。经过冰镇后的 Tavel，配上细致的牛排、鱼排以及鸡肝，搭配十分完美，暑气全消。当然，另一个绝佳的选择为教皇新堡的白酒。我在当地曾经试过一瓶泰

普罗旺斯风味的橄榄油煎海鲈鱼。

西餐中难得一见的香煎鸡肝。

都·罗兰酒庄(Tardieu-Laurent)的老藤白酒。这瓶2007年份的白酒，淡青近无的色泽，喝不出任何葡萄品种的清澈口感，但甘洌、稍带矿石味、毫无火气地滑入喉咙，我心里不禁兴起一股《般若波罗蜜多心经》里“无色无相”的境界！

饭后，我走进教皇新堡村闲逛。教皇新堡本来只是酿产一些粗壮、重口味的酒，没想到近几年却交上了好运，受到美国酒评大师帕克的青睐！只要帕克喜欢，教皇新堡酒动不动就被评上了90甚至95分以上，至少有20个以上的酒庄都自此飞上了枝头成凤凰。此行我满怀希望能够找到我梦寐以求的教皇新堡的“三王”(Three Kings)：佩高酒庄(Domaine Pegau)的卡波酒（Cuvée da Capo)，布卡斯特堡(Château de Beaucastel)的佩汉酒(Jacques Perrin)，以及泰都·罗兰酒庄的特选酒(Cuvée Speciale)。

教皇新堡村是一个呈Y字形的小村，只有两条通道。小巧的村庄街上林立着一家家酒庄的门市，都提供试饮。我立刻看到了佩高酒庄的门市，因为我在台湾早已有好几个年份的本酒庄普通级酒，想选购一两瓶他们2003或2000年份被评为100分且台湾经常缺货的卡波酒带回去。一位胖胖的、已喝得醺醺然的老先生招呼了我们。没想到却只有一般的佩高酒供应，没有好年份的卡波酒。而更令我惊讶的是，这个门市的小酒窖居然没有装置空调。我担心这些美酒会否变质，更培养不出多试几款酒的兴趣了。

随后，我又去了几家酒庄门市，结果也是一样，装置空调者不到1/10。看样子，教皇新堡人果如其酒，不讲究优雅，也不在意品酒的气氛与环境，似乎只要浓烈但不失芳醇的新堡酒一下肚，便足以令人解忧，人生似乎也只求此而已。至于佩汉酒及泰都·罗兰酒庄的特选酒，也不见踪迹。好一个令人失望的教皇新堡村之旅。

怀着失望与燥热的心情，我离开了教皇新堡，不免回味起在教皇新堡的所见所闻，心中突然兴起一股释放感：由美酒书上灌输而来的浪漫信息所编织而成的幻影迷境已经云消雾散！我突然顿悟：艾琳对，梅尔先生也对。艾琳从物质层面上进行观察——普罗旺斯处处不见细致与优雅。而梅尔先生则从精神层面上进行欣赏——普罗旺斯的生活及美酒的美妙，不必在乎其优雅或细致，而在乎真真实实"入口"的每一滴奇妙。也许真正安身立命在普罗旺斯山区，每天呼吸的、接触的，就是那一滴滴的"真实与劲道"。◆

教皇新堡村中的门市都装饰得颇有艺术气息。

后记一

卡波酒品赏笔记

由普罗旺斯返家后不久，老友黄辉宏兄得知我在普罗旺斯没寻获佩高酒庄的卡波酒，便很得意地告知我他已入藏一瓶2000年份的卡波酒，一定约我品尝。佩高酒庄这瓶梦幻级的珍品，由于日本漫画《神之雫》将之纳入“第三使徒”，顿时身价大涨，市面上久不见其踪迹。

佩高酒庄是由自1670年开始便在教皇新堡地区从事葡萄酒行业的裴洛（Feraud）家族所创立的。目前总共有18公顷的园区，种有令人钦羡的歌海娜（Grenache）老葡萄树，最老的两大片分别种植于1902年及1905年。裴洛家族一直都从事酿酒业，当家的老主人保罗在女儿劳伦斯1987年加入协助酿酒前，都是把酒卖给酒商。由于葡萄老藤一流的质量，以及园主毫不妥协的酿酒哲学，让佩高酒庄（所谓的pegau，原意是指14世纪教皇新堡地区所盛行的陶土酒罐）的顶级酒成为教皇新堡的“天王巨星”。

佩高酒庄除了一些普通级酒外，3款顶级酒分别是：珍藏级（Cuvée Réservée，年产75000瓶）、劳伦斯级（Cuvée Laurence）以及卡波级。珍藏级及劳伦斯级的评分与价钱都极为类似，只不过劳伦斯级放在大橡木桶内的时间更长（约四五年），获得更浓郁强烈的风味，产量则只是珍藏级的1/10而已。至于卡波酒，则是在极好的年份，园主保罗对葡萄成熟状况百分之百满意时才会酿造。自1998年第一个年份问

世至今，只有另外3个年份(2000年、2003年及2007年)才有酿制，市价一般都打破500美元大关，年产量约4000瓶。

佩高酒的酒精度动辄高达16度上下，酒体极为浓稠，使用极少的硫黄杀菌，却能够轻易陈放20年以上。装瓶前不再经过过滤与澄清，浓烈的酒体却不夹杂刺鼻与扎口的丹宁，能将刚烈与柔和融为一体，其酿酒手法可以以玄妙称之。帕克自然是不吝啬地给予两个满分（1998年份及2000年份)、96～100分(2003年份)及98～100分(2007年份)。

2009年圣诞前两天，我与黄兄品尝了这一款"百分酒"，酒质果然极为浓稠，棕红似墨的色泽令人望之生畏。开瓶两个钟头后，仍然昏睡未醒。我们迫不及待地尝试，皮革、浆果、西打以及干草木的味道忽隐忽现，但欠缺顶级酒所令人期盼的花香等优雅气韵。在场品尝者几乎众口一词"声讨"帕克。见多识广的Jerry蓝兄也说："今年年初在美国也品尝过同一款酒，同样令人叹气摇头。"可能此款酒还未达到试饮期吧！尽管帕克声明要2010年才开始达到成熟期，我们只不过早开一周罢了！

帕克这种"百分乌龙"对我而言早已不是第一次。犹记得3年前曾特别品尝帕克评为99分，但称呼"万岁"的澳洲克勒雷登山酒庄(Clarendon Hills)的2001年份星光园(Astralis)，情形简直就是这一晚的翻版。这两次品酒会依大家的浅见，可以将帕克的评分"酌减"个三五分，大概也不会太冤枉帕克大师吧！我个人认为帕克估得最准的酒庄，应当是美国的辛宽隆酒庄(Sine Qua Non)，帕克一向给予最高分的赞誉，我试过几次，都给予附议的掌声！

后记二

佩汉酒品赏笔记

本书台湾版在编排一校前，我刚完成一趟欧陆之旅。此行是去柏林自由大学参加好友热克教授（Prof. Dr. Säcker）举办的国际学术研讨会。3日紧凑的学术研讨会结束后，已是周五下午4时。热克教授塞给我一张火车票。他每周往返柏林与汉堡之间，忙碌异常，但每隔两个月左右，都会邀集几对挚友品赏美酒。因此，他在汉堡的家里特别为我安排了一个品酒会。

教授的家在汉堡市中心东北方约20千米的森林边，正毗邻易北河。车行入大门，触眼皆是双人合抱的百年老树，原来此处曾为汉堡富商巨贾的乡间别墅，占地居然接近13000平方米！德国教授生活优渥，早已成为德国的传统，但如热克教授者，也恐怕千百中不得其一。

看到由热克教授事先准备好的酒单，心头不禁一震：居然为了6对夫妇准备了18款的顶级好酒，且几乎都可以列入世界百大葡萄酒的行列。为了纪念此次晚宴，我特将酒单携回，供作美好回忆之用。热克教授特别声明，当晚的品酒中心以法国南部罗讷河谷的西拉葡萄酒为主，故特别从酒窖中挑选出1978年份、1990年份及2003年份的西拉或类似品种的葡萄酒，几乎已将全世界各酒区西拉葡萄酒的巅峰之作，包括美国的辛宽隆酒庄及澳洲彭福酒庄（Penfolds）的农庄酒（Grange）网罗殆尽。

我已经有了数次与热克教授品酒的经验，知道如果不采取“强烈自制”的手段，也就是每款酒只咽一口，势必不到1

个钟头就会倒地“阵亡”。不论该瓶酒多么珍贵与稀少，热克教授便是如此品试。但这绝对是一个痛苦的过程，每一款我大多不能克制，而多少有越界行为。唯独一款我只咪了一小口，实在咽不下去，原来这瓶乃1990年份的布卡斯特堡的看家酒“向杰克·佩汉致敬酒”(Hommage â Jacques Perrin)，简称为佩汉酒。布卡斯特堡酒庄可以被称为教皇新堡的代表酒庄，成园于1687年。由于成名甚早，早年即获得提倡美食的路易十四的赏识，至今传承已超过350年。凡是法国米其林餐厅，几乎一定准备本酒园的各款佳酿，作为教皇新堡酒不可或缺的项目。自1989年开始，本园推出了顶级的佩汉酒，这是当今园主皮耶为了纪念其过世的父亲杰克而特别推出的精心之作，也唯有在最佳的年份才会推出此款酒，10年内最多只有三四个年份能够酿制，也不过400箱有余（约5000瓶）。葡萄则以口味较淡的慕合怀特(Mourvèdre)为主，但也会掺杂本地最流行的歌海娜与西拉葡萄，每年比例不同，可以是四成、四成、两成或六成、三成、一成不等。每年都获得帕克极高的分数，例如1989年份一上市即获得满分；而当晚品试的1990年份，同样也获得了100分。历年来此款酒鲜有不接近满分者，和佩高酒庄的卡波酒可以并称为教皇新堡的两款“百分王”。

但这款酒却让我却之不恭：有一股浓厚刺鼻的陈腐味！这股气味像来自腐烂的蔬菜、常年不开门的地窖及臭抹布的味道。我忍不住偏头向隔邻的Margaritoff夫人询问其看法。Margaritoff的夫婿Alexander乃是德国最大葡萄酒进口商Hawesko控股公司主席，公司年销售额达3亿欧元。夫妇俩都是品酒经验丰富的专业人士。这位像极了过去德国最有名女明星罗密·施耐德的Margaritoff夫人的看法与我完全一致，只闻了一下这杯酒，便和

Ein Abendessen
anlässlich des Besuchs
von Prof. Chen und seiner Ehefrau
am 12.06.2010

Datteln im Speckmantel
Ciabatta mit Parmesancreme

***

Wasabi - Mousse
mit Räucherlachs

***

Hausgemachte Spätzle
mit Morchelsauce

***

Coquilles St. Jaques
auf Kartoffelpuffer

***

Kräftiges Rindsgulasch
mit Fussili

***

… natürlich Käse zum Rotwein …

***

Italienische Mandeltarte

*Gäste: Berger * Chen * Gehrckens **
*Margaritoff * Montgomery **

Die Weine

Champagner

Roederer Cristal, 1999
Taittinger Collection, 1990

Die Weißen: Riesling vs. Chardonnay und Roussanne

Keller, Riesling G-Max, 2002
F.X. Pichler, Riesling Smaragd M., 2002
Faiveley, Corton Charlemagne Grand Cru, 2002
Domaine J.L. Chave, Hermitage blanc, 2002

Die Roten: Syrah - Grenache 1978 - 2003

2003 M. Chapoutier, Ermitage l'Ermite
2003 J.L. Chave, Hermitage
2003 Sine Qua Non, The Inaugural Eleven Confessions
2003 Grange
2003 Noon, Reserve Shiraz
1990 Château Rayas, Châteauneuf du Pape
1990 Beaucastel, Chateauneuf du Pape, Curée Perrin
1990 Bonneau, Châteuneuf du Pape Réserve du Célestins
1978 Jaboulet-Aîné, Hermitage La Chapelle
1978 J.L. Chave, Hermitage

Dessertweine: TBA vs. Sauternes

1989 Weil, Kiedrich Gräfenberg TBA
1989 Château d'Yquem

热克教授晚宴的酒单与菜单。

我获得共同的结论：可惜！可惜！

我当然也征询了热克教授与 Alexander 的意见，只见两人愁眉深锁，只说本酒差强人意，但还没到坏掉的程度。这瓶酒似乎立刻被冷落一旁，乏人问津。除了此瓶佩汉酒外，其他各瓶都达到巅峰状态，也因为只有一瓶失败，整个品酒会算是非常成功。

当酒会进行到一半时，突然一个硕大的阴影飘进眼帘。我仔细一看，居然是一艘台湾阳明海运的货柜轮船，驶经热克教授的庭园，距离只不过数十米之遥，船首黑底白字的“心明”历历在目。当众人知道此艘“心明”轮居然和我名字的发音完全一样时，全部举杯向我致敬——德国人认为这种巧合会带来幸运！

一场品酒会直到次日凌晨 1 时才接近尾声。热克教授突发奇想，认为不妨再试一试另一款美国酒，于是乎又转身进入酒窖，找出一瓶美国加州利吉酒庄(Ridge)的蒙特贝罗酒(Montebello)，居然是大名鼎鼎的 1971 年份。在 1976 年举办的一场美法葡萄酒蒙瓶竞赛中，美国加州鹿跃酒窖（Stag’s Leap）的“第 23 号桶”(Cask 23)夺冠，曾经广被认为只是美国加州酒的好运气而已，因此在 30 年后的 2006 年举办了第二场比赛，没想到勇得首奖的仍是加州酒，但转换为利吉酒庄的蒙特贝罗酒。自此，加州酒无疑可以进入世界葡萄酒金字塔的俱乐部了。

这瓶蒙特贝罗酒尽管已经历 40 年的岁月，但深黑中还带有鲜红的色泽，浆果、薄荷及花香味依然不绝，在座众人虽都已不胜酒力，但仍然尽力一试，赞赏之声四起。热克教授不无得意地表示：赤霞珠(Cabernet Sauvignon)果然是经得起时间之神考验的好葡萄！

第二天，我接近中午才从教授特别准备的客房——由主屋旁一间二楼狩猎小屋改装而成——来到餐厅一起吃早餐。乍

看到昨晚的19款酒瓶中，佩汉酒还剩一大半，我决定再给佩汉酒一次机会。

我仔细端详了颜色：相当透明的深棕红色。一般慕合怀特葡萄的颜色和西拉葡萄一样，都较深黑，但佩汉酒没有此沉重色彩。而昨晚令人退避三舍的腐窖味已完全消散，取而代之的是一股淡淡的香草、干果、木材味，十分优雅。即使在最不宜品酒的早餐时刻，这瓶酒仍不会阻止酒客来品赏。

为什么佩汉酒刚开始会有那种令人遗憾的气味？后来我回到台湾找了一些酒文参考后推测，可能是因为热心于有机种植的本园在酿造葡萄酒的过程中别出心裁地实行“瞬间加热法”，用短暂高温来浸葡萄皮，藉以杀死会促使葡萄酒氧化的酵母菌，而一般酒园则是采用加入二氧化硫的方式来达到抑制氧化的效果。是否此招并不完全管用？现在酿酒科技已经完全没有什么独家秘籍可言，二氧化硫既然是阻止氧化的最有效与最普遍的物质，只要注意不要过量，恐怕还是得使用不可吧。当然，佩汉酒需要比一般酒更长的醒酒时间，也是让酒质起死回生的一大关键！

帕克大师评满分的佩汉酒。左为大陆旅法雕刻大师王克平的木雕《中国娃娃》（作者藏品）。

6

俄罗斯美酒之花

沙皇、斯大林、玛桑德拉与格鲁吉亚传奇酒

格鲁吉亚共和国籍的Alex教授刚从格鲁吉亚探亲回来，带了一瓶格鲁吉亚"最好"的红酒邀我共赏，并且告诉我最近在台北安和路开了一家乌克兰的玛桑德拉(Massandra)酒专卖店，而且是亚洲唯一的专卖店。他问我："知不知道玛桑德拉酒?"我很客气地回答，刚在上周与朋友试了一瓶1957年份的白波特玛桑德拉酒。Alex教授恭喜我的酒运，并对台湾美酒收藏圈的实力表示佩服。

对于知识分子而言，俄国艺术与文学，不论是音乐家柴可夫斯基、拉赫玛尼诺夫，还是文学家托尔斯泰、普希金、高尔基，或是画家列宾……都曾情感澎湃地牵引青年走进艺术、社会的知性情怀之中。可以说，近代很少有比俄国多的思想家、艺术家能够感动这100年来中国青年的内心。

我在德国留学时，曾经住在一个天主教宿舍，与一批东欧留学生相处两年。在他们对"苏联老大哥"又痛恨、又不能摆脱其影响的饮酒文化中，初次尝到各种俄国酒，如伏特加以及克里米亚的红气泡酒等。

克里米亚半岛在1854年爆发了19世纪最重要的战争——克里米亚战争。这场由沙俄独力对抗当时世界强权的英国、法国、奥斯曼土耳其帝国以及撒丁王国的大战，双方折损约50万人，使得克里米亚

1957 年份的玛桑德拉园白波特酒。左为日本明治时代铜雕《拿着竹帚的老翁》（作者藏品）。

战争变成开启“现代化战争”的第一战；而第二次世界大战结束前的雅尔塔会议，做出了影响欧洲东西冷战与中国分裂的决定，都使这个黑海旁的度假胜地变得举世闻名。

克里米亚半岛也以产酿葡萄酒闻名。其外销到西欧的主力是气泡酒（俗称为苏联香槟）。和法国香槟高价位且多半是白香槟不同，克里米亚气泡酒虽然红、白、甜、半甜及干皆有生产，但最特殊的是红气泡酒。这种用红葡萄酿制、浸皮取色，不是利用传统香槟制作法，而是用工业大量生产的打入碳酸法所酿造出来的廉价气泡酒，给手头不宽裕的学生们提供了相当不错的Party用酒。

我初次品尝这种艳丽似血的鲜红气泡酒时，入口有股舒适的甜味，然而气泡极为粗糙强劲，喝多了打嗝不断，好像喝太多的苹果西打一样。不过，当时年轻，喝酒水平不高，也不觉得这款酒有多么差劲，倒是对克里米亚酒留下颇好的印象。

作为沙皇夏宫避暑圣地的克里米亚，沙皇在那里盖了漂亮的城堡——丽维迪雅（Livadia）。第一次世界大战结束，沙皇尼古拉二世全家遭红军镇压，后来在西欧冒出来一个号称是劫后余生的假公主——安娜斯塔西亚（Anastasia），意图继承沙皇留在欧洲的庞大财产。这个被搬上银幕好几次的“真假公主”的故事，有许多剧情就描述了这位假公主在丽维迪雅夏宫的点点滴滴，包括劫难前拍的照片，以此来验

建造于1894年的玛桑德拉酒园，气势恢弘（图片由酒园提供）。

证公主是否为本尊。

有夏宫，就有御厨，以及提供皇室生活，不，是提供皇室奢华生活的御用酒窖，这便是玛桑德拉酒窖最吸引人的故事。

克里米亚在雅尔塔市东方约7千米的地方，早在1812年就成立了一座名为尼其司基(Nikitsky)的植物园，栽植各种供研究用的植物，包括各种葡萄树。1828年，该处成立了一个专门的农业学校。而后，克里米亚各地开始成立许多大小不等的酒庄，豪门巨富也投资兴建私人酒园。那时一位名叫福伦索夫(Count Vorontsov)的伯爵看中了南海岸阳光充足、气候暖和，便开辟了一个18公顷大的葡萄园——玛桑德拉酒园，除了引进各种欧洲的葡萄种苗外，还重金礼聘法国酿酒名家，慢慢地，玛桑德拉酒园成为本地最重要的酒园。

沙皇自然也喜欢上了本园佳酿。1889年，福伦索夫伯爵把本园让售予沙皇，沙皇旋将本园划交给皇家地产管理处。这时候出现了一个传奇性的人物——葛理钦王子(Prince Leo Golytzin)，正是他塑造了玛桑德拉的传奇。

葛理钦是沙皇宗亲，世袭王子的爵位。他本业是法律，但嗜好品酒与酿酒，周末时间都花在酒园与酒窖之中。沙皇看中了他的志趣，1891年任命葛理钦王子为皇室地产管理处所属各皇家酒园的总酿酒师。葛理钦王子就任时，沙皇在整个克里米亚及高加索地区共有266公顷的葡萄果园，算是全俄国最大规模的酒园了。

有了沙皇的极力支持，葛理钦除了花下巨资在葡萄的栽种与酿造上，也知道葡萄酒储藏的重要性。沙皇钟爱法国香槟，各香槟酒厂无不拥有规模庞大、气势壮观的地下储酒隧道，这令葛理钦王子动了心。说服了沙皇后，葛理钦王子自1894年开始命人开凿了7条隧道，各150米长、5米宽，隧道口在地下5米处展开，深入地下52米处。这个隧道全由人力凿成，温度保持恒定——常年维持在10～12摄氏度，最适合葡萄酒的储存，总储藏量可达百万瓶之多。

葛理钦担任帝国皇家酿酒总管，不仅

替沙皇酿酒，也替皇家到处搜罗其他酒园的佳酿，入藏于御窖之内。经过8年的努力，玛桑德拉已初具规模，而葛理钦与沙皇的契约也已到期。葛理钦遂离开总管职位，继续在他以前拥有的位于东海岸的一个名叫“新世界”(Novy Svet)的酒园内酿酒。由于气候、土壤等各种关系，克里米亚的干红葡萄酒酿得一直不理想，葛理钦于是将精力投注在酿制甜酒，特别是波特酒、雪莉酒及马德拉酒等强化酒之上。同时也认为保存得宜的话，这些口味丰富、糖分较高的酒，也可以具有更优越的陈年实力，而克里米亚的气泡酒也自此诞生了！1900年在巴黎举行的世界博览会上，葛理钦所酿出来的甜葡萄酒“七重天”(Seventh Heaven)获得如雷掌声，连法国波尔多苏代（Sauternes）的专家们都称呼葛理钦为“餐后甜酒的专家之王”。1912年1月，葛理钦把新世界酒园的部分田产以及酒庄酒窖内所有珍藏呈献给沙皇尼古拉二世。沙皇自然也将田产及珍藏划归给皇室地产管理处掌理。

玛桑德拉酒窖的一景（照片由酒园提供）。

第一次世界大战结束后，沙俄皇室被推翻，帝产自然被充公。1920年至1921年，苏联政府将克里米亚所有公、私立葡萄园，连同酒窖内的收藏，全部收归到玛桑德拉国家酒园之中。本来玛桑德拉酒窖以沙皇的收藏以及葛理钦王子新世界酒园的奉献为主，现在那偌大一批贵族豪宅府邸的珍藏，也送进了玛桑德拉酒窖内，酒窖

玛桑德拉酒窖内，每瓶酒都深裹着历史的尘迹(图片由酒园提供)。

终于发挥了最大的收藏能量——100万瓶。

苏联政权把这批沙皇葡萄酒珍藏视为历史遗产，一直当做类似圣彼得堡夏宫般的古迹来予以维护。百万瓶的珍藏品，唯有重要的国宾访客方有特权开瓶尝试。葡萄酒都是以木塞封口，每瓶瓶口以上蜡来封紧，每15～20年还会更换新的软木塞，且全从葡萄牙最好的软木塞公司进口。经过上百年的静放，每瓶酒上都布满灰尘霉菌。由于这些遮盖物可以遮挡阳光及保持温度，故园方严格禁止酒窖工作人员有任何清除这些尘垢的行为。每个酒架、每个酒瓶满布尘垢，很难令人想象这些酒还可以饮用，还没有变质、变坏。

苏联的斯大林也是一个嗜酒之人，也特别喜欢玛桑德拉酒。斯大林为了实践社会主义的一个原则——与人民共享，1936年在克里米亚地区建立起集体农场，酿制葡萄酒。这也是世界上第一个社会主义的葡萄酒集体农场。这个庞大的农场共有9个产区，总产量可达到100万箱、1200万瓶的规模。绝大部分都提供国内消费，极少部分供应到社会主义阵营的“兄弟国家”。

1982年，整个苏联，包括玛桑德拉酒园的财务急遽恶化，园方无力承担员工的薪水及庞大的酒园维持费，而且酒窖中100万瓶的储存，有不少体质较弱的酒已经走到生命的尽头(30～50年)，再储藏也无用，因此园方向政府力求允许外售若干存货，以获得宝贵的外汇。政府终于许可园方每年卖给开放给外国游客的定点(以收取外汇为前提)配额为2万瓶。但是实施后却大失所望,因为到俄国旅游的外国籍游客并没有太多品酒专家,也因此一年只销售了不到5000瓶。当然,这也和苏联国营公司不善于推销产品有关。

1989年东欧剧变后,苏联全民“向外看”,玛桑德拉通过英国苏富比拍卖公司在伦敦举办两场拍卖,把玛桑德拉的“沙皇珍藏”展现在世界美酒界面前。第一场拍卖(1990年4月2日)共拍出13000余瓶,总拍卖价超过100万美元;第二场拍卖(1991年11月26日)虽然和第一场的瓶数一样,但俄国人学精了,只提供较年轻的酒,多半只有二三十年,结果总拍卖价只有第一场的1/2。

为了筹备两次拍卖,园方大方地让苏富比的专家(这是百年来首次让西方专家)入酒窖作一次彻底的“体检”,审视这批珍藏。西方世界这才真正惊讶于沙皇当年收藏的范围之广,例如酒窖中还可以发现西班牙1775年份的雪莉酒,甚至来自非洲突尼斯所酿制的白麝香(Muscat)甜酒。至于19世纪的各个年份,都可以以千瓶甚至万瓶计,绝对可以稳居当今全世界“第一名”老酒宝库。

最近一次是在2001年10月17日举办的伦敦第三度拍卖会。这次拍卖会的高潮便是拍卖一瓶1775年份的西班牙芳特拉(de la Fronterra)雪莉酒。为了拍卖这酒窖中年代最久远的一瓶酒——这瓶酒是在美国独立前一年及法国大革命爆发前14年所酿制的,园方还要特别呈请乌克兰总统的批准才可出售。落槌结果,以5万

两场苏富比拍卖的目录。

美元拍出。买主居然非常欣慰，因为是以其预期价钱的一半得标！

玛桑德拉终于获得了世界美酒市场的肯定。虽然目前玛桑德拉酒的外销市场还是以“独联体”国家为大宗，占所有外销的九成以上，但是逐渐地西欧顶级酒专卖店中已经出现了玛桑德拉的顶级酒，例如承袭自葛理钦王子的“七重天”麝香酒，以及沙皇丽维迪雅夏宫专用、1892年开始酿制的白麝香甜酒，都是葡萄酒爱好者最新的选项。

我很高兴在台北居然能看到玛桑德拉开设在亚洲的唯一一家专卖店，显示出店主的先知酌见和顶级美酒在台湾省的潜力。在这个小小的店面里，陈列了16种各类的玛桑德拉酒，且最便宜的只需千余块新台币即可购得。我几乎全都品尝了。令我印象最深刻的当是“南海岸粉红麝香”：有迷人的粉红色彩，突出的葡萄干、蜂蜜、干燥玫瑰花及龙眼的味道。十分诱人的雪莉酒，掺杂了一点波特酒的酒体。当然，葛理钦王子“七重天”的口味亦极芬芳，柑橘与柠檬、蜜饯味相互辉映，可以想象葛理钦百年前想酿造出可与西班牙雪莉酒分庭抗礼的酒的雄心。这些酒的陈年实力，以我不久前品尝到的酒友蓝兄Jerry由美国好莱坞拍卖购回的1957年份的白波特玛桑德拉酒而论，颜色呈现淡淡的稻草黄色，葡萄干的味道甚重，像极了意大利以风干葡萄酿成的“圣酒”（Vin Santo）。我在《酒缘汇述》里有一篇文章《意大利的古早酒——圣酒》介绍过这款历史悠久的意大利古酒。在东欧政权多事之秋的1957年酿出的白波特酒，居然有能保存50年的实力，不能不佩服玛桑德拉酿酒师傅们的功力。

专卖门市小小的店面里面还有一个六七平方米大小的密室。俄籍店主慎而重之地打开厚门，邀我入内。墙壁上以砖石砌出一瓶瓶的横格，躺着一瓶瓶数十年甚至百余年的玛桑德拉老酒，最老的年份可上溯到1837年，共有1000余瓶之多。店主大概与乌克兰政府高层有良好的关系，才有此广大之神通。

除了甜酒外，克里米亚的干红与干白就显得失色多了。不过，上文也提到，在克里米亚东南方的高加索地区，沙皇也拥有葡萄园，由皇室地产管理处管理，葛理钦王子同样也担任过总管。苏联解体后，高加索地区成为格鲁吉亚共和国的一部分。这里是西方文明的发源地，距离两河流域不远，早在公元前5000～7000年就有人类耕种的历史。公元前6世纪开始有栽种葡萄酿酒的遗迹，被考古学家发掘出来。这些先民的酿酒是采取陶罐酿造与储藏的方式，把巨大的陶瓮埋藏在地下，可作陈年之用。这也和古埃及及古希腊的酿酒方式一样。直到现在，高加索还有人使用这种陶瓮(Kvevri)的方式酿酒，这和中国绍兴酒采用陶罐酿酒、储酒的方式如出一辙。

沙匹拉维葡萄树，果粒硕大。

和玛桑德拉主要是栽种外国种的葡萄不同，高加索地区有一种原始老种葡萄——沙匹拉维(Saperavi)。这是一种早熟、色黑粒大的葡萄，由于皮较厚，可以获得较坚实的丹宁，自古以来都被认为是高加索的葡萄之王。

沙匹拉维葡萄酒是斯大林的“生活之酒”，几乎每餐必备，因为斯大林便是出生于这个仅有7万平方千米土地、不到500万人口的格鲁吉亚共和国。直到现在，格鲁吉亚人提到他，仍面有得色！也因此在斯大林时代，西欧及西方世界的干红无法输入东欧，高加索出产的沙匹拉维葡萄酒可以称为“苏俄红朝第一红”。

在所有的沙匹拉维葡萄酒中，最有名

的当是1948年成立的格鲁吉亚传奇酒庄(Georgian Legend)酿造的同名酒，这也是Alex博士邀约我品尝之酒。这个酒庄位于格鲁吉亚共和国东南方的卡西迪省(Kakhetia)。在这个地广人稀、只有50万人口的山区，酒庄拥有100多公顷的葡萄园区，包括不少已栽种超过400年的沙匹拉维葡萄树的老园区，都是标准的老藤。在苏联时代，这个酒厂使用传统酿造方式，除各种葡萄酒外，也酿造白兰地，甚至伏特加。现在开始注重国外顶级酒的市场，顶级的为格鲁吉亚传奇酒。

格鲁吉亚传奇酒的酿制采用先进的科技，除了葡萄为标准的沙匹拉维外，举凡酿造、窖藏，都遵循顶级酒的模式。按照西方国家顶级酒强调的陈年方式，本酒厂也采用一半以上全新的高加索

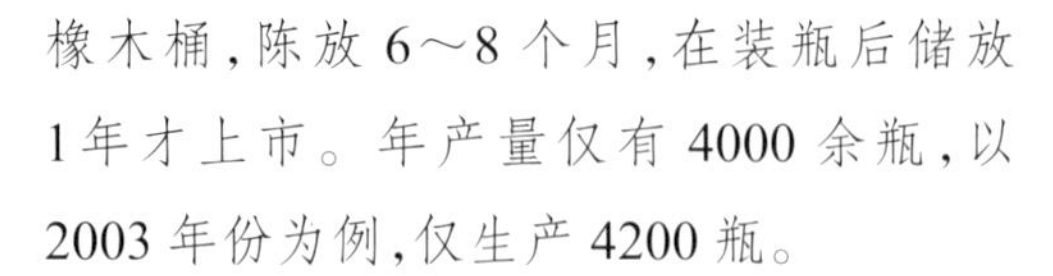

橡木桶，陈放6～8个月，在装瓶后储放1年才上市。年产量仅有4000余瓶，以2003年份为例，仅生产4200瓶。

格鲁吉亚传奇酒在2005年大放异彩。其一，因为当年布什总统访问格鲁吉亚共和国时，在国宴上品尝了此款美酒(2003年份)后赞不绝口，随后本酒庄便收到来自白宫的订单；其二，位于伦敦的《品醇客》杂志评给了这款酒"年度银牌奖"。高加索酒的名声终于传到了西方社会。

在台北人数只有个位数的格鲁吉亚共和国人士中，有位Nina小姐将此酒引进台北。我个人曾经品尝过此2003年份的传奇酒，颜色十分讨喜，入口微酸，浆果香味非常突出，不像"新世界"的酒那样甜。丹宁相当柔和，很容易被误认为是由梅乐葡萄所酿成的法国圣达美丽安酒。杯底的回香十足，虽是啼声小试，也足以惊人了！

这两款甜酒与干红，一起经历了俄罗斯百年命运的遽变，见证了繁华、动乱、苦难及复兴，目前分属乌克兰及格鲁吉亚共

玛桑德拉的粉红麝香葡萄酒“南海岸”。暗枣红色的色泽，口感和陈年波特酒极为类似，只是甜度较低而已。用之取代波特酒佐配法国奶酪，尤其是蓝莓奶酪，可为一顿美食打上完美的句点。背景为清朝青缎彩绣祥云锦鸡二品文官章补（作者藏品）。

2003年份的格鲁吉亚传奇酒。

和国，它们与俄罗斯共和国分别独立。世事果然如白云苍狗，变幻无常！我十分欣悦地品尝了这两款“飞入寻常百姓家”的“帝王”佳酿。写这一篇品酒小文的过程，时时会把我的思绪拉到远在天际的俄罗斯、克里米亚及高加索。若说写文章可以令人拥有“异国神游”的乐趣，我写这篇文章时已经体会到这一点！◆

〔**艺术与美酒**〕

第一次讲道纪念证书：这是一份1910年颁发的“讲道证书”（作者藏品）。德国天主教规定，每位神父在第一次讲道后，即可正式开始行使神职，并且给予证书留念。图案为精美的新古典主义风格，耶稣手捧圣杯，周围环绕着两位天使及玫瑰、百合，优雅异常。

7

发挥“单园精酿”绝活

澳洲格林诺克湾酒园

有位品酒界的朋友，想要以较有限的资金开始购藏一批美酒，以便日后退休慢慢享用，因此征求我的意见。我看到这一两年来欧元升值的后遗症，法国顶级酒已不是一般品酒人所可负担，遂建议朝澳洲顶级的西拉(Shiraz)酒着手。

当今对于世界葡萄酒文化影响最大的人物，当推美国的罗伯特·帕克。这位酒评大师主张酿造果味丰富甚至达到浓稠程度、酒体务必坚强澎湃、口味追求饱满、丹宁可浓烈而不必中庸均衡的酒。因此帕克鼓励“新世界”的酒园，特别是加州与澳洲酒厂，不要一味模仿波尔多的“调和功夫”，而要大胆地依照葡萄与风土的特性酿出有强烈地方特色，最重要的是具有“陈年实力”的酒。

帕克在2007年出版了《世界最伟大酒庄》(The World's Greatest Wine Estates)一书，其中156家被帕克赞誉有加的“世界之最”，澳洲入选者有8家，口味强劲的法国罗讷河谷有25家之多，而帕克的祖国美国加州也有22家。相形之下，“老世界”的波尔多则有26家红酒外加3家甜白酒，共29家。最惨的则是勃艮第，只有13家入选，其中9红4白。看样子，帕克这辈子是和勃艮第红酒“结上梁子”了！

帕克对于澳洲的西拉葡萄毫不吝惜地给予最大的赞誉。例如对于南河谷

(Southern Vales)的顶级酒厂克勒雷登山酒园(Clarendon Hills)的旗舰酒星光园(Astralis),帕克在第一次品尝过1994年份后,立刻给了94分,以后每年的分数都居高不下,2000～2003年份都给了99分甚至100分,2001年份的星光园,帕克在评了99分后还不忘加上一句“万岁”的呼声。我曾经在2009年8月试过这支“万岁”酒,留下了强劲至极、果味与力道都极为浓烈的印象,果然是帕克所喜好的一路功夫。

位于澳洲名园辈出的巴罗沙(Barossa)河谷的格林诺克湾酒庄(Greenock Creek)成园于1982年,也入选了帕克的金榜。在总共约20公顷的园区里,园主迈克·沃(Michael Waugh)把握了“单园酿造”的时尚潮流,妥善利用园区早在19世纪末就已经栽种葡萄的优势,找到了六七十年的老藤西拉葡萄,以及其他新开园地中不同的葡萄,酿造出了各种特色的葡萄酒。

本园共有8个小园区,葡萄种类为西拉、赤霞珠及歌海娜(Grenache)3种。年产量约在2.5万～3万瓶不等。

本园的拿手作品自然是西拉葡萄酒。本园在1984年生产的第一个年份便是以1.5公顷的70年老藤西拉葡萄所酿成。这款出自马拉南格(Marananga)园区的名为伦飞路(Roennfeldt Road)的西拉酒,每公顷只采收不到2吨的果实,因此产量甚为稀少,一年产量不过2500瓶上下。这款旗舰酒会在全新的美国橡木桶里储存3年之久,再陈放2年才上市。这款口味绝对强劲的老藤西拉酒,帕克当然给予了高分,1995～1998年份分别给了100分与98分各两次,所以价钱也马上攀高了5倍以上!

另外有4个小园也出产西拉酒,都是在20世纪80～90年代才成园。我曾在2007年10月有机会和老友贺鸣玉兄等友人品尝了其中3款小园西拉酒。为了仔细品味,我逐一把其口感记述下来:

1. 七亩园(Seven Acre)。

名如其实,只有7英亩园区(约2.8公顷),葡萄栽种于1987年。由于产在沙质贫瘠之地，产量很少，每公顷只产 2～3 吨。葡萄酒陈放在美国橡木桶中长达 28 个月之久，新木桶不到 1/4，但酒味一样饱满。1995 年份帕克便评了 98 分，2002 年份及 2003 年份帕克分别评为 95 分及 98 分。2003 年份酒，帕克称之为“可作为角逐当年最好西拉酒的候选者”。2004 年份的本款酒，刚开始有一股十分强烈的兽皮与皮革的味道，口感稍甜，也有浓厚的浆果味，入口感觉十分扎实，丹宁强劲，是一款极有特色也令人印象深刻的酒。

2. 艾莉丝园(Alice)。

约有 6 公顷的沙质坡地，在 1997 年才开始栽种葡萄，是本酒庄最年轻的酒园，每公顷产量为 2～3 吨，年产量总共可达 1.5 万瓶。这款来自新栽、只有不到 10 年的葡萄所酿的酒，和七亩园一样，都在美国橡木桶内醇化 28 个月之久。虽然 16.5 度的酒精度极为吓人，但帕克却对本酒的柔顺、平衡及果味的浓郁给予高度的评价，2002 年份、2003 年份分别评了 96 分及 97 分。2004 年份的口感比起上一支酒而言稍微带酸，但是有较浓厚的巧克力味，平衡度也很好，而后的花香味非常浓烈，我们大家给予这支酒最高的评价。

3. 杏子园(Apricot Block)。

和伦飞路西拉酒一样，本园的葡萄也出自马拉南格园区的年轻葡萄树，栽种于 1995 年，年产量每公顷约 3 吨，总共约 9000 瓶。与其他西拉酒采用同样的酿酒程序，分数也极高，1998～2001 年份分别为 94 分、93 分、96 分、99 分，都呈上升的趋势。2002 年份就落为 96

2005 年份的杏子园西拉酒。

澳洲难得成功的歌海娜酒——2006年份的界石园。

分。2003年份的口感表现出了新葡萄藤的纤细体质，也因此果味较强，可以感觉到有太妃糖与山楂果的口味。刚开瓶时并没有太令人感动的口感，但两个钟头后，香味开始慢慢散发出来，是属于大器晚成的酒。

另外，本园也栽种了歌海娜以及赤霞珠葡萄，分别酿制成两款小园酒。

第一款为界石园（Cornerstone）。这是本园得意的作品。歌海娜是一种特别能够在少雨干燥以及高温地区成长的葡萄，因此在法国南部缺水的教皇新堡、西班牙干旱的高原地带都可以看到这一种“葡萄中的仙人掌”。本园以长达60年的老藤歌海娜葡萄采收酿成。这是澳洲很难得的成功例子。酿成后，会在旧的法国橡木桶中陈放16个月。有浓厚的花香及果香，以及稍许的甜味与柠檬香味，酒精度高达16度。2004年份帕克给予了91分，年产量2250瓶。2005年份的口感出乎意料地令人感觉到颇为浓烈的酸味，色泽颇淡，有小红莓（蔓越莓）的色泽，基本上体质颇弱，丹宁较薄，这是我们品尝的几款酒中较清淡但是爽口的一款，不过花香的味道颇为讨喜。

第二款为赤霞珠酒，除了少量产自伦飞路园外，其余大部分产自本园。在伦飞路园，虽然大部分酿制西拉酒，但也有大概半公顷地种植赤霞珠，且为70年以上的老藤，故年产量不过600瓶。帕克为1998年份给予了100分，但1996与1997年份则在93分与94分左右。这变成了整个澳洲最难找到的赤霞珠酒。至于本园的赤霞珠酒，葡萄树栽种于1988年，年产量为3500瓶，会在旧法国橡木桶中陈放达

2005 年份的格林诺克湾杏子园酒。背景配上中国缂丝团龙圆补（作者藏品），圆补丝纹强劲有力，正好用来形容杏子园酒力的澎湃。不过，彩龙的炫眼色彩也对照出格林诺克湾酒标色设计的贫乏与简陋。相较于意大利各名家酒标的典雅，似乎澳洲人的艺术美学还有待提升。

36个月之久,2003年份被评为93分。2004年份的口感,立刻可以感觉出酒精度至少有15度,有极浓烈的青草味、尤加利树味,也有极明显的回甘甜味。整体口感偏向西拉而非赤霞珠,所以令人印象十分深刻,也无疑使人可以确认本酒至少可以陈放20年以上。

一个晚上品尝了这几款澳洲“单园酿制”的葡萄酒,我们必须佩服澳洲这些新兴酒庄庄主与酿酒师的执著。他们尊崇自然、顺从自然,才会“因势利导”出符合“地气”的好酒。每款小园各有特色,也考验着品酒师与酒客们纤细的判断力。品尝这些葡萄酒,真是一种挑战与享受。至于价钱方面,当以伦飞路园的西拉酒最贵,经常超过300美元一瓶;最便宜的应为一般赤霞珠酒,但也要70美元以上;其他西拉酒徘徊在80～130美元之间。我敢断言,3年后,这批酒至少增值两倍以上。◆

〔艺术与美酒〕

《女人与酒》:这是法国艺术大师布费(Bernard Buffet)的画作。画中一位面容憔悴的女人独饮一酒,无限苍凉。现存于巴黎 Maurice Garnier 画廊。

8

美国黑比诺酒的“双雄争霸”

奇斯乐 vs. 马卡桑

大概是受到了1976年在巴黎评酒竞赛中获胜的鼓舞，40年来，美国的酒农与酒市一片欣欣向荣。特别是加州的纳帕谷，名园陆续建成，不论是质量还是价格，都已经挑战了法国酒原本无可动摇的地位。美国酒业也普遍信心满满，希望在30年后，也就是千禧年之后，美国可以超过法国，成为世界第一大美酒生产国。

当然，迈进了千禧年将近10年后，这个“洋基之梦”还没兑现。能否再宽限另一个30年达成这个梦想？美酒界普遍摇摇头，这是有理由的。

1976年的评比是否有充足的代表性？事实上，评比仅将法国波尔多几个名酒厂的几款酒拿来评比，最多只是赤霞珠葡萄酒再加上霞多丽白酒的评比。至于勃艮第的黑比诺、波尔多右岸的梅乐以及罗讷河的西拉酒，都不在评比范围中。

我个人倒是很愿意正面地看待这次评比。因为这次评比很公正地给了一批花上一辈子工夫把“酿出美酒”的人生梦想实践出来的加州顶级酒庄一次热情的掌声！谁说后发不可先至？谁说英雄只能出于豪门巨室？1976年的评比举办后，已经让美国加州及俄勒冈州等原本荒芜的土地上栽起成亩成亩的葡萄园，盖起一栋栋美轮美奂的酒庄，引来一车车嘻嘻哈哈的游客，谁说这不是一件美妙的功德大事？

不过，美国要取代法国世界顶级酒出产国的地位还为时尚早，因为美国仍然没有酿出任何一丁点可以挑战法国的香槟、饭后甜酒以及红酒中的黑比诺酒。

在法国红酒的三大领域——波尔多、勃艮第及罗讷河酒中，波尔多酒受到加州纳帕酒的挑战，如以“精英对决”，例如美国祭出啸鹰园(Screaming Eagle)、哈兰园(Harlan Estate)……来和木桐堡(Château Mouton Rothschild)、彼德绿堡(Château Pétrus)等对决，鹿死谁手，也许尚难下定论；但如要“大军对决”，挑出几个大酒庄，各拿出二三十万瓶来一决高下，波尔多随意可找出二三十家，组成雄兵百万，加州就只能祭出几家带着两三万“游骑兵”上阵，不战已知胜败矣。

罗讷河酒，尤其是北罗讷河的西拉酒，情形也是一样。尽管美国最近有零星的酒庄，如辛宽隆(Sine Qua Non)可以酿出第一流的西拉酒，我品尝过的2002年份辛宽隆西拉酒“就是因为喜欢它”(Just for the Love of It)便浓郁芬芳得无以复加，帕克给了满分；2003年份的“爸爸”(Papa)，帕克评98～100分，也十分精彩，但数量仍无法与北罗讷河相较。

在勃艮第的黑比诺酒方面，美国则完全不是对手，如同拳击台上一个初上阵的轻量级被世界重量级拳王一击，哪有不倒地的道理。所以，根本影响不到勃艮第酒的权威地位。

前些年美国有一部非常卖座的电影《杯酒人生》(The Sideway)，通过男主角对黑比诺酒的憧憬，一下子使加州当年葡萄酒的产量增加了三成，全国同一时间多促销了16%。片中女主角挑选出来的一家名不见经传的Andrew Murray酒庄的“高线”(High Liner)黑比诺，销路居然一下子增加4倍而造成断货奇观，酒庄也变成观光胜地。黑比诺酒一下子变成加州酒园的新贵，有逐渐凌越赤霞珠酒的架势。

在这个风潮之中，顶级的黑比诺酒已经逐渐浮出水面。有两家美国黑比诺酒庄已经悄悄地引起勃艮第酒迷的怀疑与兴趣，它们就是号称美国“黑比诺双雄”的马卡桑及奇斯乐。

美国加州在1978年出现了一位天才酿酒师奇斯乐(Steve Kistler)。这位当时年仅30岁的青年最钦佩法国勃艮第的白酒,特别醉心梦拉谢。他于1979年在加州的葡萄园中酿出了第一年份3000箱的霞多丽酒,立刻获得美国美酒界的赞赏。5万瓶酒几乎在半年内销售一空,成为美国最热门的霞多丽酒。我曾在拙著《酒缘汇述》一书里介绍了这位被称为“沉默大师”的奇斯乐。

有“美国第一白葡萄酒”之称的奇斯乐酒。本酒园也可酿制一流的黑比诺酒。不论红酒还是白酒,酒标格式都一样,简单醒目。

奇斯乐事必躬亲,对酿酒质量丝毫不退让,而且没有聘请助理,完全一人担纲。他行事保持低调,隐姓埋名,连酒庄大门都没有名字。他也不交际、不出席品酒会,一切销售都由搭档Mark Bixler打理,可以说是一个怪人。

奇斯乐酒庄主要在纳帕河谷东北方的索诺玛(Sonoma)酒区。这里温度较低,较适合黑比诺和霞多丽的生长。酒庄目前共有10个小园区产酿霞多丽白酒,款款都获得高分,售价都在每瓶70美元以上。令人惊讶的是,奇斯乐也仿效勃艮第,酿造黑比诺红酒。这款在1991年第一次上市且只有250箱的黑比诺酒,立刻打破美国是黑比诺酒“禁地”的传言。黑比诺酒的产区总共只有18英亩,约合7公顷上下。在严格控管下产量极低。以2007年为例,只采收22吨,22000升,产量只有3万瓶上下。在最好的年份总产量也不会超过5000箱、共6万瓶。其中3款顶级的凯瑟琳园(Cuvée Cathleen)、纳塔利园(Cuvée Natalie)以及伊丽莎白园(Cuvée Elizabeth)，年产各不过250～500箱。新酒都会在全新的法国橡木桶中醇化14个月之久。

奇斯乐酒庄使用的“凯瑟琳园”(Cuvée Cathleen)的名称,和北罗讷河最有名的夏芙酒庄的顶级酒名称十分相近（见本书《法国北罗讷河永不褪色的传奇——传承600年的夏芙酒庄》一文)。这恐怕不是巧合,因为奇斯乐最崇拜法国勃艮第与罗讷河的几个传奇酿酒师,也立志要向他们学习。他是一个了不起、不会被眼前成就冲昏了头的酿酒大师,值得我们向他脱帽致敬!

我在2009年曾品尝到2000年份的伊丽莎白园。这款被帕克先生评为99分的黑比诺酒,颜色仍然有新黑比诺酒的淡紫红色,但入口香味十分集中。它没有勃艮第黑比诺那种明显的乌梅、李子味道,但有更高雅的浆果、蜜饯以及淡淡的花香,优雅高贵至极,这是我品尝过的除勃艮第酒以外最了不起的一支黑比诺酒,无怪乎喝完的奇斯乐空酒瓶,我会在书桌上放整整一年之久。这款酒也常常在美国的黑比诺酒比赛中夺冠,被帕克毫不保留地称为“美国第一黑比诺”。

同样坐落在索诺玛酒区,也酿制霞多丽、黑比诺酒并同样获得惊人的高分,但行事作风却和奇斯乐完全不同的马卡桑酒庄(Marcassin),在1990年由一位天才的酿酒师海伦·杜丽(Helen Turley)所创。身材高大、有一头亮丽金发的杜丽,乍看之下还以为是来自北欧的漂亮影星。在加州大学戴维斯分校酿酒系毕业后,杜丽进入了罗伯特·蒙大维酒厂担任酿酒师,很快便发挥出酿酒的才能。经过几年的磨炼后,1990年她创立了酒园。刚开始只有4公顷大,一半种霞多丽,一半种黑比诺。两年后，开始酿霞多丽酒,1992年份的霞多丽酒马上被美国加州最著名的James Laube给予94分的高分,同时获得了最高五颗星的评价，以后每一年的分数都很高。原因很简单:杜丽完全采用勃艮第梦拉谢的酿造方法,低温发酵期很长,醇化都在全新的法国橡木桶中进行长达一年之久，每公顷产量在4000～6000升之间。帕克认为其霞多丽酒可以挑战法国最高等级的梦拉谢酒，也是世界级水平的霞多丽酒。帕克对它的评价是：“不试一下，是不相信它有如此高水平的！”

霞多丽白葡萄酒成功后，接着是黑比诺酒。1996年份的马卡桑园黑比诺酒一上市便获得帕克95分的高分。1997年份、1999年份都是95分，1998年份达到98分。因此，马上打出了响亮的名号。其诀窍也是一样：量少，在全新法国橡木桶中陈放一年，装瓶前也不再经过过滤，所以有极为浓厚黏稠的口感。

马卡桑酒庄的红、白葡萄酒主要产于3个小园区，分别是马卡桑园(Marcassin Vineyard)、蓝坡岭(Blue Slide Ridge)以及三姊妹园区(Three Sisters Vineyard)，其中最大、质量最好的当是马卡桑园，每年可以产600箱的黑比诺及400箱的霞多丽酒。“马卡桑”(Marcassin)是法文“小野熊”之意，所以本酒园的标签便是一个身着战袍的小野熊接受缪斯女神授予美酒与智慧的图像，相当别出心裁。2000年份以后的马卡桑园红、白酒获得的评价都很高，例如，2000年份霞多丽酒，帕克给了98分，2001、2002年份都给了96分；黑比诺酒则分别是97、93、96分。美国《酒观察家》杂志(2008年9月30日出版)曾给美国黑比诺酒评分，第一名96分，为本酒庄2003年份的蓝坡岭（美国市价90美元一瓶）；第二名为本酒庄2003年份的马卡桑

2002年份的马卡桑园黑比诺酒。

1998年份辛宽隆酒庄的黑比诺酒"面纱遮住"。背景为清末民初广东潮州桌裙"太狮少狮"(作者藏品)。

园,95分(美国市价120美元一瓶);至于本酒庄的小妹妹园(三姊妹园),则排行第四,93分(美国市价75美元一瓶)。能够得此佳绩,马卡桑酒庄岂能不傲人?

我曾经与几位医生朋友品尝过2002年份的马卡桑园黑比诺酒,帕克给这款酒评了96分。它有不可思议的香气,夹杂着咖啡、乌梅、蜜饯、太妃糖、蜂蜜以及水蜜桃的香气。颜色是桃红色,接近深红色,非常鲜艳动人。口感极类似一流的勃艮第新酒,使我立刻联想到勃艮第著名的杜卡·匹酒庄(见本书《法国勃艮第的神酒与酒神》一文)的地区酒,但口味更飘逸、高雅,接近顶级的善·香柏坛。果然,这个酒庄的酒已经让法国勃艮第的酒庄感觉到了震撼。如果加州能够再产生三五十家类似水平的黑比诺酒庄,法国勃艮第酒的王冠就有可能易手了!

因此,到底"美国第一黑比诺"的桂冠该戴在奇斯乐酒庄还是马卡桑酒庄的头上?恐怕来日方长,还有待品酒人士自己的评判吧!

“坐山观虎斗”，不，应该改为“坐山观一熊斗一虎”。这个“坐山者”也可能是一只老虎。我想到了美国天才酿酒师——辛宽隆的老板克朗克（Manfred Krankl），近几年来也极热衷酿造黑比诺酒。他经常开个货车，内有冷藏设备，到美国各葡萄产区去“巡园”，找寻最适合酿酒的葡萄。在加州，他始终找不到中意的黑比诺葡萄。终于在1995年，于俄勒冈州扬山镇（Yamhill County）一个名叫“西尔”（Shea）的葡萄园找到了梦寐以求的葡萄，便运回加州酒庄来酿酒。使用六成至百分之百全新法国橡木桶醇化一年左右。产量不多，也就是六七百箱而已。上市价为每瓶150～200美元。到处找葡萄终究不是办法，克朗克在财务状况改善后开始收购良园，让葡萄来源更稳定。2003年在加州圣巴巴拉附近找到了已种植相当年数的黑比诺葡萄园，买下后开始酿制黑比诺酒，西尔园黑比诺酒便不再出产。新园的状况甚佳，帕克每年都评95分上下，但年产量较少，约300箱。

我品尝的1998年份辛宽隆酒庄黑比诺酒“面纱遮住”（Veiled），帕克评了90～92分，这是帕克给辛宽隆酒庄各款酒中偏低的分数。本酒庄的黑比诺酒每一年的分数都很高，例如1999年份（97分）、2001年份（96分）、2002年份（97分）以及2004年份（98分）。1998年份酒分数偏低恐怕与当年俄勒冈州的黑比诺质量不好有关。这款1998年份的黑比诺酒，美国《酒观察家》杂志也只评了90分而已，但各方评语甚佳。颜色为深紫色，浆果味十足，丹宁颇为柔和，我个人感觉和马卡桑的口感相去不远，但似乎口味较重，过喉以后有比较明显的咖啡味和淡淡甜味，回韵甚长。我认为其质量绝对可以“坐三望二”。

辛宽隆酒庄每年替酒庄旗下各款红、白酒取一个名字，来年作废、再取新名，往往搞得消费者眼花缭乱。按照这位出生在奥地利，中年以后才到美国发展，先搞餐饮业、烘焙业，最后转为酿酒的园主克朗克的说法，每个年份的每一款酒都是一件全新的作品，仿佛艺术家精心创作的绘

2006年份奇斯乐酒园的黑比诺酒。瓶后为罕见的明代双龙章补，补底为用纳绣针法绣成的菱纹底。此技法是明代章补所专有，是最重要的鉴定特征。这是我收藏清朝章补近20年后第一次有机会收藏到明代章补，曾让我欣喜若狂。

画，而不是工业产品，因此必须取一个单独的名字。而我认为，在园主似乎也没什么文学与艺术天分的情况下，每年各款酒取的名字都徘徊在随性与无厘头之间，要推测其命名的理由，往往徒劳无功。由于学习法律出身的缘故，我认为任何事都应该“事出有因”，对于这些年份的怪名字，我总想寻求一番解释。

1998 年份取名“面纱遮住”(Veiled)，似乎没有意义，但酒标成分说明等文字居然采用英文与阿拉伯文对照。须知阿拉伯的伊斯兰教是禁止饮酒的，这个破天荒之举是否犯忌？我不禁想起 1988 年英国印度裔作家拉什迪写了一本《撒旦诗篇》，要来“揭开”魔鬼的面纱，引来伊朗精神领袖霍梅尼对他发出的全球追杀令，导致英国与伊朗断交。拉什迪隐姓埋名 10 年后的 1998 年，英伊复交，伊朗新政权承诺取消追杀令，风波才告一段落。这在当年是一件轰动欧美的大事。不知道酒标上的“面纱”与“挑战伊斯兰禁忌”的联系，是否可以解释这个年份的名称？

在美国冒出来的顶级黑比诺酒“新芽”中，还有一个小酒厂引起我的注意，那是 2002 年才开始由两位酒商克斯达(Dan Kosta)及布朗恩(Michael Browne)在索诺玛区成立的克斯达·布朗恩酒庄。这个酒庄专门到各个园区去收购上等的黑比诺葡萄来酿酒，共有 6 个园区。酒庄挑选葡萄极为严苛，也因此每个园区的葡萄酒都有第一流的水平。美国《酒观察家》杂志(2007 年 9 月 30 日出版)曾对加州黑比诺酒进行了一次评比，最高分 97 分的 3 款酒，两款出自于本酒庄(另一款为马卡桑园的三姊妹黑比诺酒)；本园另有一款得 96 分、两款得 95 分、一款得 94 分，可以说获得了“满堂彩”。本次评比也几乎成为克斯达·布朗恩酒庄的“独家秀”。

但毕竟这只是近 5 年来的表现，还不能算是“恒定表现”，我们不妨把它列入“观察名单”。然而，这几款酒的价钱都很实惠，多半在每瓶 60 美元左右。我的建议是：收购，一瓶都不剩地收购。如果你能巧遇的话，千万不要犹豫！◆

9

红白竞驰，白驹出头

法国波尔多的骑士园

话说世上名园如许，名称长短难易不一。如名称简单易懂、朗朗可上口，当然会吸引酒客注意，意大利“天王”酒庄歌雅(Gaja)即是一例。波尔多五大酒庄之一的欧布里昂堡会在销路上吃亏，部分原因也要归罪于其名称不像拉菲堡、拉图堡及玛歌堡易念易懂。如果酒庄冠上能带来思古幽情的名称，如历史名人——意大利佛罗伦萨有一家挺有名的酒庄以文艺复兴时代撰写《君主论》的马基雅维利(Machiavelli)为名，又或是骑士、教皇之类，将使宣传事半功倍。再加上酒庄自身悠久的历史、一流的品质，要不成名也难！

骑士园的干白酒酒色橙黄清澈，味道细致。

法国波尔多便有这样一个酒庄。更特别的是，这个酒庄擅长酿制红、白酒，成为波尔多酒庄中的异数！

法国波尔多地区一向以酿制红酒出名，相形之下白酒的风头就被盖过去了。其实波尔多五大产酒区中，白酒即占两个，分别是产甜白酒的苏代区(Sauterns)与产干白酒的格拉夫区(Graves)。格拉夫区干白酒除欧布里昂堡（Château Haut-Brion)有出产之外，另一个一流的产区是位于里昂南镇(Leognan)西南郊外，三面被松树林包围的一个小酒园——骑士园(Domaine de Chevalier)。

骑士园在18世纪已经建立，后来因疏于管理，以致沦为一片松林。直到一位木桶商出身的杰·利卡尔（Jean Ricard)在1865年买下此地，方又开始种植葡萄。利卡尔的女婿伯马唐(Gabriel Beaumartin)原为木材批发商，由于获得橡木材容易，所以本园醇化酒的新木桶不虞匮乏。同时，他从木材工厂调人手也方便，故能在最恰当的一两天内采完葡萄，本园酒的品质会提高乃当然之事！他因此打响了骑士园的知名度。伯马唐的继承人是杰·利卡尔的孙子，名字正好也叫杰·利卡尔。1948年，杰又将本园交给了儿子克罗德(Claude)。克罗德本身是一位职业钢琴家、艺术家，自1942年接掌本园后，遂使骑士园成为波尔多地区一流的酒园。

骑士园的土壤最上层有一层薄的碎石土，下有黑沙土，更深一层是湿石灰泥。虽然深层的灰泥柔软到树根可以伸展过去，但仍需建一良好的排水系统不可。骑士园花下巨资建成的排水系统是整个波尔多地区最佳的排水系统，它不但能排除多余的水，也可避免田地过分干旱。在25公顷大的葡萄园四

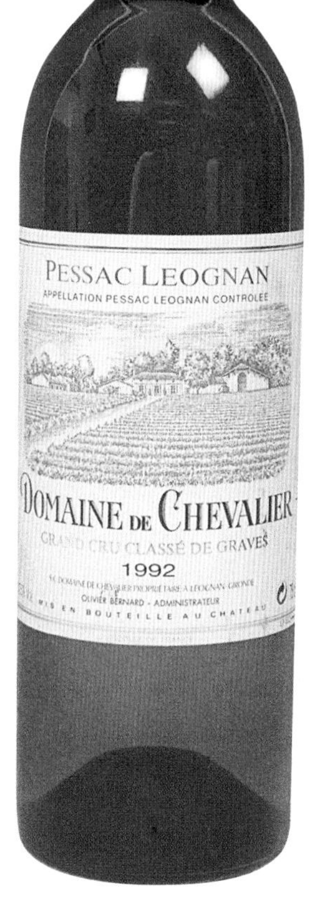

1992年份的骑士园干白酒。

周还有松林。园中有3公顷种植白葡萄，树种种植比例为70%的长相思（Sauvignon Blanc）与30%的赛美容（Sémillon）。其他的园区种植红葡萄，其中65%为赤霞珠，30%是梅乐（Merlot），其他为品丽珠（Cabernet Franc）。

骑士园的地理环境不甚理想，整个波尔多地区没有一个顶级酒园会遭到比本园更多的冰雹与霜冻。例如，1982年本是极好的年份，骑士园每公顷却只收获红葡萄汁2700升；白葡萄更惨，只有900升，全园3公顷白葡萄树只收获2600瓶而已！为保持名誉，就只能从控制品管来着手。本园采收时雇请20位工人采摘葡萄，他们在3次采收中仅摘取全熟者，次等货色则弃之不用。白酒的发酵与醇化是在全新的木桶中进行，为期一年半，这是波尔多地区唯一全程使用全新且昂贵木桶的。在此醇化期间，每4个月又需换桶，以求气味的多层与平均，因此味道的细腻与颜色的澄黄、酒体的多层次与纯洁，都让它变得珍贵异常。本园白酒至少要5～10年才会成熟，其他白酒极少能与骑士园的白酒一般，可轻易地陈放20余年。

本来经营一切顺利的骑士园，到1983年因为克罗德两个兄弟及姊妹要分财产，分割后缴了巨额遗产税，所余不多。克罗德计算了一下，自己5个子女将来若再分下去，每个人都没有多少，干脆卖掉算了，于是转手给一个大酒厂伯纳（Bernard）公司。为保持家传名园的荣誉及品质不坠，克罗德·利卡尔仍担任其顾问达7年之久。

本园年产白酒9000～10000瓶，红酒约6万瓶。红酒也有顶级的水准，气味、层次、饱满度都还不错，但本区出现了超强的顶级酒——欧布里昂堡，很难超越它。不过，每种酒自有其特色，骑士园红酒有饱满、高贵的气质，且5年就可达到适饮的成熟期，何必一定要以欧布里昂堡的水准来评判呢？更何况欧布里昂堡红酒的市价动辄超过每瓶1000美元，难得一见的欧布里昂堡干白酒（年产量不过1万瓶）售价更超过欧布里昂堡红酒的一成。所以，若要以性价比来看，骑士园只需欧布里昂堡1/10左右的价格，绝对是合算的！特别是骑士园的干白酒,口感距离欧布里昂堡白酒只不过两成上下!骑士园双驹竞驰,值得我们旁观者为之鼓掌叫好!

公元2000年后,“白骑士”的表现更为亮丽,几乎年年精彩,帕克评95分的比比皆是。二军酒“骑士精神”(L' Esprit de Chevalier)虽然口感较弱与分散,但柑橘与杉木的香气若隐若现，是十分清爽的好酒,值得任何喜好干白的朋友一试。年产量与一军酒差异不大,也就在1万瓶上下。

写到此,我不禁吟诵出英国诗人济慈的一首诗:“抛下一个冷眼看遍生与死!骑士啊,策马前进!”◆

品质逐年提升的骑士园“红兄弟”。

10

交响乐中的“定音鼓”

难得一见的西班牙安达卢斯之纯小维尔多酒

又逢中秋。在这个一年一度最令人思乡、想念亲友、“千里共婵娟”的夜晚，本来是面对一轮皓月，全家人悠闲地吃着月饼，剥着文旦、柚子，或酌以清茶美酒，或伴以花香清风，充满诗意、浪漫及悠闲的气息。但近几年来不知怎么一回事，台湾各地的中秋节突然变成了“全民烤肉节”。只见得所有赏月最好之处，如河之滨、山之巅、楼宇之顶、花园之角，处处堆起火堆，阵阵乌黑浓烟夹杂着烤肉酱的烧焦味随风四散。而烤肉之重责大任，多半是家中主人的工作。为伺候火候，莫不匆匆忙忙、战战兢兢。一个优雅的中秋夜，却仿佛变成了“火烤大地”的荒城之夜。

我们这些过了追随“烤肉热”年纪的人，也不得不附和家庭中的年轻人。看到这些火烤重酱味的牛排、猪排、香肠等，我寻思要以何种酒来搭配。理论上，冰冻的啤酒应当是最好的选择，痛痛快快地开怀喝上一大杯冰镇的“台湾生啤”，当是人生快事一件。不过想到自己已不是二三十岁的小伙子，令人痛恨的痛风老毛病又随时蓄势待发，我决定还是挑一瓶红酒来搭配。

我挑选的对象必须是：1.重口味，才能够压过过重的烤肉酱风味；2.酒体必须粗壮，才能够镇住火炭炙烤的烟熏味；3.口感必须粗犷。面对熏烟环绕、“兵荒马乱”的场景，杯盘狼藉是可预期的，绝不可端着

安达卢斯酒庄口感强劲的小维尔多酒。背景为台湾 20 世纪 50 年代成立的推动西方现代艺术最重要的“东方画会”的要角——秦松所绘的《裸女图》(作者藏品)。一刚一柔,相得益彰。

安达卢西亚地方的民宅，使人不经意间惊艳到阿拉伯与南欧混合的园艺。特别诱人者，当为九重葛。此地阳光充足，九重葛动辄高达三五层楼，美不胜收。

Riedel 的手工杯子、优雅地喝着纤细饱满的顶级勃艮第或波尔多酒。

我环顾酒窖，最近才刚刚登陆台湾、想要试试台湾消费市场的一瓶产自西班牙南部安达卢斯(Andalus)酒庄的小维尔多(Petit Verdot)酒马上吸引了我。这有两个原因：第一，它出自于我最心仪、也最念念不忘的西班牙安达卢西亚；第二，它是100%由小维尔多葡萄酿造而成，是目前世界酒园中少有的产品。

任何喜欢红酒，尤其是波尔多红酒的朋友都对小维尔多葡萄不陌生，这是波尔多酒的主要葡萄品种之一，但主要是当做搭配之用。波尔多区不论在左岸还是右岸，小维尔多都是用来搭配赤霞珠或是梅乐葡萄。而且，搭配比例多半都是个位数百分比，能够用到接近8%的酒园，例如梅多克区的明星酒庄皮琼·拉兰伯爵夫人堡(Château Pichon-Lalande)，已经是小维尔多用得最极限的例子了。

这种作为标准“配角”的小维尔多葡萄，为什么在波尔多这个“红酒圣地”没有能担纲演出主角的地位?恐怕要怪它自己的“体质”特殊。

小维尔多是一种色深、皮厚、口味强劲以及甜度甚高的小颗粒葡萄。在波尔多4种主要酿酒葡萄中，它也是成熟最晚的一种葡萄，甚至会比最早成熟的梅乐葡萄晚上一个月才能完全成熟。然而在大西洋边的波尔多地区，每年9月中旬以后，天气开始转变，无预警的暴风雨可能随时造访，老天爷不会轻易让小维尔多有能够完全成熟、施展其魅力的机会，因此这种口味重、颜色深的小维尔多就只能够被各个酒庄拿来调配用。其深紫的色泽以及厚重的口味，可以补足颜色较淡、口味较浅的葡萄(例如梅乐)，使调配后的酒汁能够有更饱满的酒体，增加口味的丰富性以及陈年实力。

这种将小维尔多作为搭配用的次要种葡萄，也是法国波尔多地区从历经千年的酿酒实践中得来的经验。种葡萄酿酒本来就是一个“看天气吃饭”的行业，葡萄由春天的抽穗开花到结果成熟，都可能遭到冰雹、霜害、霉菌、虫害、干涝及暴风雨的威胁，因此酒农必须分栽成熟期有先后、口味有轻重以及抗灾力强的多种葡萄，以避免一年到底一事无成的悲剧。小维尔多在这种不良的地理环境中像灰姑娘般的际遇，没办法在波尔多有真正施展的机会。看样子小维尔多似乎有必要出走，去海外寻找自己的一片天空。气候炎热、干燥的西班牙伊比利亚半岛南部似乎向小维尔多伸出了友善之手。

西班牙中北部有著名的里奥哈(Rioja)酒区，西北部也兴起了可以直追法国顶级酒的斗罗河(Ribera del Duero)酒区。近年来更在东北部的普利欧拉多(Priorato)地区冒出了几个震惊酒界的超级酒园，例如帕拉西欧斯(Alvaro Palacios)所酿制的拉米塔酒(L’Ermita)，2005年份在3年后一上市，即卖出每瓶700美元的天价。但是在广大的西班牙中南部地区，除了南端产酿的雪莉酒(Sherry)外，几乎没有值得一述的好酒。

西班牙最耀眼的酒园新星——普利欧拉多区的拉米塔酒。

目前行情最高的“西班牙第一红”——平古斯酒。

说起西班牙南部这一片广大的丘陵地带，尽管历史上这是腓尼基人传奇英雄汉尼拔与罗马人争斗的舞台，但在这片被称为安达卢西亚的黄土大地上，除了骏马与吉卜赛音乐闻名于世外，最吸引人的莫过于由阿拉伯人所遗留下来的丰富的建筑遗产。从公元8世纪来自于北非的摩尔人踏入此地，到15世纪离开为止，800年中，除了留下了“安达卢西亚”这个美丽地名外，也留下了无数的城堡宫殿。这些装饰着最优雅的阿拉伯马赛克、精雕细琢的门窗的繁复且典雅至极的建筑，如今成为世界阿拉伯文物的宝库，甚至在阿拉伯的老家中东地区也找不出比安达卢西亚更美丽与壮观的阿拉伯建筑。

我在20年前开始热衷于收集中东的地毯，渐渐地我也迷上了阿拉伯的艺术。对于梦寐心仪的安达卢西亚，我终于在1995年初夏彻底地游览了一遍。科尔多瓦(Cordova)壮丽的大清真寺、格拉纳达秀丽的阿罕布拉(Alhambra)夏宫，都是我这辈子所见最动人心魄的建筑。

而当我途经安达卢西亚时，我看到到处栽种的葡萄都是丛生及膝。询问当地果农才知，这是为了防止太多日晒，才使葡萄尽量伏地而生。因

代表阿拉伯建筑与装饰艺术巅峰的科尔多瓦大清真寺。

令人目眩神迷，又流传着许多美丽故事的格拉纳达阿罕布拉宫。

为天气炎热，葡萄极为成熟、糖度高，使得当地酿造出的葡萄酒酒精度动辄高达16度，入口有一股强劲的果实味。不搭配食物的空饮之下，会有一股苦涩之味；但是若配上当地喜用大蒜烧烤的主食，却十分协调。果然是一方之水土，出一方之饮食；一方之饮食，也出了一方的风味酒来配合。

可能是受到美国加州近几年来风行利用赤霞珠酿造单一酒的影响，“新世界”也突破传统，利用波尔多成名葡萄种来尝试酿造各种单一葡萄酒。就以波尔多区另一种比小维尔多重要得多的葡萄品丽珠而言，在波尔多也很少作为酿造主角，近年来却被智利与阿根廷的酒庄用于酿造单一酒，也获得不错的反响。我看到手中这瓶由拉孟亚酒庄(Cortijo Las Monjas)所酿造的称为“安达卢斯”(Andalus)的纯粹小维尔多酒，立刻兴味盎然地检索了其基本资料。

原来这个酒园在1975年才由一位名为厚亨洛贺(Alfonso de Hohenlohe)的园主所兴建。园主的名字来自德国著名的贵族家族，前面又有贵族的称号(de)，由此可以轻易地判断出园主原为德国贵族。他看准了顶级酒市场的前景，也看中了安达卢西亚最南端、在雪莉酒的故乡赫雷斯(Jerez)北边面对地中海的隆达(Ronda)山区。这片共有15公顷且只有700米坡度的葡萄园，拥有极佳的采光与排水量。引进的葡萄种类除了西班牙著名的本地品种丹魄(Tempranillo)外，当然就是时髦的法国品种赤霞珠、梅乐及西拉(Syrah)等。同时，既然要进军顶级市场，本园也引进了第一流的酿酒设备，包括使用全新的橡木桶。这一切都在1990年开始进行。

本园除生产各种波尔多式的混酿酒外，也特别将园区各处种植的小维尔多葡萄手工挑出酿酒。这些葡萄都是出自有10年栽种期的葡萄树。园方挑选完全成熟但产量极少的小维尔多，并在全新法国橡木桶中陈放12个月后才酿成装瓶，每年产量为1000箱(1.2万瓶)。

西班牙属于酿酒的“老世界”，这款酒堪称是“老世界”的“革命酒”。我一看到是用纯小维尔多葡萄酿成，又在全新的法国橡木桶中陈年12个月，脑中立刻闪现出6个字：强劲、强劲、强劲。

果然，当我一打开这瓶2003年份的安达卢斯，立刻嗅到一股强劲的焦糖、浆果味，甚至稍带着皮革及苦咖啡的气息。深紫近黑的色泽，透露出它深不可测的劲道。我十分理智地把它放在一旁，直到两个钟头后再度品试，终于体会了这一款能在2004年及2005年两度在英国《品醇客》杂志获奖，并在美国《酒观察家》杂志入选“推荐奖”(Selections)的小维尔多酒为什么会受酒评家们所青睐：强劲的酒体、丰厚的果味、丹宁强烈但不突兀、整体口感厚重但不迟滞，果然是一款均衡的重力道美酒。

当我搭配着热腾腾的烧烤牛排，喝上一口已经舒展开来的小维尔多酒时，收音机里刚好传来理查德·施特劳斯的交响乐《查拉图斯特拉如是说》。突然一阵定音鼓敲来，使得平顺的旋律顿时剧烈高涨，音乐也显得动人有力。我顿时领悟了小维尔多的特性：它在波尔多酒中尽管只担任配角(定音鼓在管弦乐中何尝不是)，但加入了小维尔多会使波尔多酒更具体力与风味，小维尔多岂非波尔多这个交响乐团中的定音鼓？

安达卢西亚闻名世界的美食——伊比利亚熏火腿，在香港每千克售价高达800港币。此照片摄于法国巴黎最有名的超级市场“镰刀”(Fouchon)。

安达卢斯酒的诞生，应当能打破我们以往“葡萄阶级论”的成见。我希望全世界的酒园都能努力开发新的酿酒模式，让本来只扮演“配角”的许多二三线葡萄，能够有发挥天分的机会。◆

11

澳洲巴罗沙河谷的8颗大、小“黑钻石”

提到葡萄酒园，不论是否爱喝酒的人，脑海中都会自然呈现出一片连绵不断的酒园，枝蔓纠葛中垂挂着一串串晶莹剔透的白葡萄或是娇艳欲滴的红葡萄，背景不外是蓝天白云，以及笑容满面、欢乐采收的葡萄酒农。不论是德国的莱茵河产区还是法国的香槟、波尔多产区，甚至中国大陆的吐鲁番和青岛平度山两大葡萄产区，都给人这种“标准化”葡萄酒园的感觉。

这些对葡萄酒园的印象主要是来自观光促销目的所散布的图像，和现实的葡萄酒园有极大的差别。葡萄酒是上帝赐予的绝妙饮品，葡萄酒业看似也是一个浪漫的行业，尤其是自20世纪80年代中叶起，世界经济的复苏，使得葡萄酒，特别是顶级葡萄酒的身价“一年数变”，葡萄酒业似乎变成了利润最丰厚的一种新兴及时髦的行业。于是套用一句毛泽东的名句——“引无数英雄竞折腰”，人们纷纷投入此行业。

这也可以说是世界葡萄酒市场在上个世纪所展开的一场“葡萄酒文艺复兴”，它成功地将葡萄酒由老式的“旧世界”(欧洲大陆)解放出来，创造出一批充满进取心及追求卓越的“新世界”酒。“新世界”酒主要指来自美国、澳洲、新西兰以及智利、阿根廷、巴西等南美洲地区的酒。

一开始，已有数百年葡萄酒生产史的

欧陆老产区对这些新冒出来的酒抱着轻蔑、怀疑及无关痛痒的想法，认为这些“新世界”酒经不起“时间之神”的严酷检验，不久便会使万丈雄心化为泡沫，就像欧陆一两百年来无数酒园所经历过的一样。

但是，30年来“新世界”酒的发展，敲醒了老世界酒庄们的一厢情愿之梦。在“新世界”，尤其是美国与澳洲，已能够酿造出世界第一流的美酒，价钱甚至超过欧陆顶级葡萄酒，达到“一瓶难求”的程度。例如，美国加州成功地出现一批专门酿造“车库酒”的酒园。这些酒园标榜绝对小规模——酿酒场所只有一个车库的大小；量少——年产量不过5000瓶上下；价昂——出厂价绝对不低于100美元；绝对狭窄的出货管道——只面向预定客户名单销售，并不铺货到市面。加州的车库酒交易变成了金钱游戏，也成了投机倒把者的猎物，这种酒在两三次转手后变成了令人高攀不得的“膜拜酒”(Cult Wine)——如同祭祀时的贡品，只摆着供观赏膜拜，而不开瓶畅饮。美国酒的名气大增，与这些“膜拜酒”的产生有不可割离的关系。但这些酒是属于金字塔最顶尖的人所专用的，所以千万别在欧洲知识分子阶层的酒友面前“赞誉”这些美酒！您很有可能会遭到不友善的揶揄(暴发户心态)，甚至是冷漠响应！

而在另一个美酒新天地澳洲，情况就好得多了。周边没有一个平均每天会产生4位百万富翁的硅谷，澳洲的美酒自然少掉了许多被这些“科技新贵”染指的危险，所以澳洲的顶级美酒就没有被“倒爷”们拱上天边。这些顶级酒虽然每瓶上市价钱也在100美元上下，但是还属于可以让爱酒人士“偶尔为之”的心动佳酿。

澳洲，尤其是南部的巴罗沙河谷，便是获得了全世界美酒爱好者赞誉的一个圣地。说起该酒区的美丽，巴罗沙河谷20年前就清楚地意识到，唯有结合大自然的美景、先进的旅游设施，再配合当地适合产酿美酒的绝佳条件，才能创造出繁荣的葡萄酒区。经过20年的努力后，巴罗沙葡萄酒园的自然美景已可媲美德国莱茵河谷；酒店旅游设施(包括搭乘游览用热气球)不输美国加州的纳帕谷；而星罗棋布的近70家酒园，总面积约有6000公顷之大，每家都有或古色古香或现代式的酒庄建筑，令人仿佛来到了波尔多的梅多克区。但是这里还有上述世界各大产区所没有的优点：气候常年相对稳定温暖、海产及牛羊肉的种类丰富便宜，更不要忘记，这里是讲英文的地区，游客们讲着蹩脚的英文，一样受到本地热情的酒农及商家们的欢迎。

所以，巴罗沙河谷成了世界上第一流的美酒天堂，甚至有“法国后花园”美誉之称的法国卢瓦尔河谷，未来恐怕都要将“世界最美丽的产酒区”这一桂冠让给巴罗沙河谷了。

要支撑起巴罗沙河谷的美酒产区，当然要有几个代表性的顶级作品，否则不会令人信服。巴罗沙河谷有5个顶级的酒庄，都是以酿制本地著名的西拉(Shiraz)葡萄酒而闻名的。

这5大名酒分别是彭福园（Penfolds）的农庄酒(Grange)、汉谢克酒庄(Henschke)的恩宠山酒（Hill of Grace)、投贝克酒庄(Torbreck)的领主酒(The Laird)、E&E酒厂的黑胡椒园(Black Pepper)及杜瓦酒庄(John Duval Wines)的实体酒(Entity)。

这5大名酒中，我挑选了其中最著名，当然也最昂贵的3款酒——酒界也称其为“巴罗沙三剑客”——农庄酒、恩宠山酒及领主酒，纳入了拙著《稀世珍酿》的行列之中。以下就谈谈另外两款也可以算是“澳洲的骄傲”的酒。

首先登场的是E&E酒厂的黑胡椒园。这是由巴罗沙河谷酒庄（Barossa Valley Estate)所酿造的。这个位于河谷东北角的大规模酒厂，是本地区最早企业化经营的酒园，什么葡萄都种，各种红、白葡萄酒也都酿造，但质量平平，是走中下档次路线的。但在20世纪90年代以后，该酒园效法美国酒园的“以赚钱的平价酒供养可能赔钱的顶级酒”方针，推出了第一支顶级酒。他们找到园中种植已超过60年的西拉葡萄树——这是每个酒园要酿制顶级酒所梦寐以求的树龄——靠着雄厚的资金,采取十分严格的程序采摘,往往十中取一,而且不惜重金由美国选购新橡木桶,然后陈放两年以上才出厂。这体现了酿酒师与酒庄共同的坚持与理念:追求强劲结实的酒体。从酒名“黑胡椒园”便可知道这是一款标准的男子汉口味的酒,是一款口味浓稠、直爽热情的酒。

这支酒浓厚、结实,充满了热带浆果味,且是熟透了的浆果味,掺杂着新鲜木头刨花特有的香气,以及淡淡的胡椒的辛辣味,迅速地受到了欧美品酒界的青睐。美国《酒观察家》杂志在2002年9月30日曾制作了一个介绍澳大利亚顶级红酒的专辑,由品酒师Harvey Steiman品评出4支最高分(95分)的澳洲红酒,本酒园1998年份的黑胡椒园位居首位。而且,仅仅80美元的美国市价,比起同分的1997年份的恩宠山酒(美国市价高达250美元),相差2倍之多,斤斤计较的美国饮家怎么可能不趋之若鹜呢?

台湾在千禧年那一年开始有消息灵通的酒商进口了第一批1997年份的黑胡椒园,我很幸运地购得了2箱。谁料想,我迫不及待开瓶一试,立刻被辛辣的扎口味吓着了,翻瓶一看,原来酒精度高达14.5度!众酒友们甚至怀疑有15度以上,应当至少陈上10年再喝。于是我将剩余全数压在储酒柜下层,一眨眼就6年过去了。接着,我开始留意此酒为什么会一上市就被收购一空,原来是价钱问题。2007年夏天,我偶然在台北市内湖的COSCO卖场发现有售2003年份的

E &E酒厂的黑胡椒园。

黑胡椒园，每瓶报价居然只要不到2000元新台币，比美国市价少了三成！惊讶之余，我马上问了个明白：原来这个跨国公司COSCO为了打响“全台最廉价名酒”的招牌，特别由美国总公司“调货”，即不通过美国海关到台北，难怪有这么令人心动手痒的价钱！

终于在2006年，我在上海参加由上海夏朵洋酒公司董事长阙光伦兄所召集的品酒会上，和大家试了这款1997年份的黑胡椒园。果然，这款酒已经褪尽了辛辣的火气，虽然浆果味仍存，但是加进了花香及陈木所特有的檀香气，果然优雅至极。1997年份的评分虽比不上1994年份及1998年份，但已经令人十分难忘。

另一个巴罗沙新秀则绝对是各方所瞩目的焦点，而且这个酒园的出现是早在大家的预料之中，并经历了长达近20年的期待。这便是杜瓦酒庄。

杜瓦酒庄的创始人约翰·杜瓦本身也是一个传奇的人物。出生于澳洲酿酒世家，从小耳濡目染，对酿造美酒早已了然在胸。大学毕业后便到巴罗沙河谷担任酿酒师，并在彭福酒庄大酿酒师舒伯特（Max Schubert）处担任助手。自1986年起，杜瓦接任彭福首席酿酒师的职位并全权负责酿造农庄酒，俨然已经成为澳洲第一酿酒师了。

我曾在十几年前与他见过一次面。1998年5月初，他来台北向各界推荐彭福酒庄刚于5月1日推出的顶尖霞多丽白酒——雅塔娜（Yattarna），他温文尔雅的谈吐，给我留下极佳的印象！

担任舒伯特大师的接班人，固然是个人的荣誉，但如何维持大师的名誉不受影响，也是个艰巨的任务，特别是在世界顶级酒纷纷冒出的背景下，一不小心，一个年份酿出“烂酒”来时，数十年来的好酒名誉将毁于一旦。所以，杜瓦兢兢业业干了13年，让农庄酒的名气越来越大，舒伯特大师相信也会含笑九泉了。

2000年之后，杜瓦决定趁彭福酒园易手的时刻自立门户。他找到几位多年的老友共同合作，由朋友们负责去巴罗沙河谷寻找栽种老葡萄树的园地、收购葡萄，他则负责酿酒。终于在北巴罗沙河谷找到了几个种有超过60年的各种葡萄的小园区。于是在2003年，杜瓦园推出了第一款酒：网络酒(Plexus)。酒标是一个圆形中含有个三角形，三个角各写着“S、G、M”。这款酒是由西拉及歌海娜(Grenache)、慕合怀特(Mourvèdre)等3种葡萄酿成，采用传统发酵法在木桶中发酵。他用18%的新桶，在各桶醇化完成后再混合，一共醇化15个月才出厂，拥有中量级的顶级酒口感，也有相当浓烈的果香味和极为中庸的丹宁，帕克给了94分的高分。

2004年，杜瓦乘胜追击，推出了全由西拉葡萄酿成的实体酒。实体酒先在47%的法国新橡木桶中发酵，然后在2～4年新的法国及美国橡木桶中醇化17个月。在大师的巧手调配下，可以感觉到其中非常芬芳的咖啡、浆果、皮革等味道，属于十分优雅的西拉酒。比起巴罗沙出口的其他4款酒，此酒属于重口味，入口后有令人目眩耳鸣的震撼和令人明目启聪的感觉。大师的出手果然不同凡响，开启了澳洲西拉酒的新面貌。

实体酒走的是平实的中等价位路线。杜瓦在全球只面向澳洲、美国、英国、瑞士、新西兰及中国香港等6个地区销售，显然充分信赖自己的人脉。实体酒在英国上市价只有20英镑。2004年份的实体酒在香港上市后，售价也不过450元港币，而同时上市的2003年份法国拉菲堡售价则高达2700元港币，由此可知实体酒果

三款杜瓦酒。

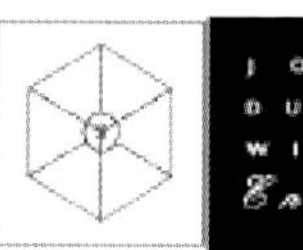

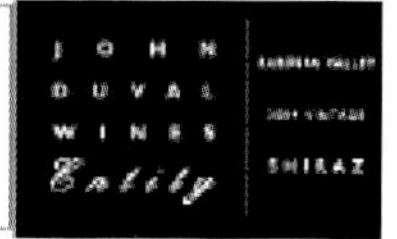

然是一款令人心动的平价顶级酒。我记得在香港弥敦道一个酒窖初次看到此酒时，漆黑沉重的酒瓶以及裹住酒瓶的整张酒标，让我以为这也是属于另一款澳洲顶级，同时也是《稀世珍酿》中仅有的能够跻身世界百大葡萄酒金榜的4款澳洲酒之一的克勒雷登山酒庄(Clarendon Hills)的星光园(Astralis)。杜瓦酒的外观令人过目不忘！所以我当时就把仅剩的4瓶全都买走了！

巴罗沙河谷的西拉葡萄，色泽深紫近墨色，口味扎实、强劲，一看就知道是用成长于贫瘠大地、困难环境下的葡萄所酿成。其果味高雅，酒体澎湃，具有富贵气，与被称为美国“顶级西拉酒”的加州辛宽隆(Sine Qua Non)酒有截然不同的气质！我曾经品尝过帕克评为100分的2002年份辛宽隆的“就是因为喜欢它”(Just for the Love of It)、2004年份的“扑克脸”(Pocker Face)以及评为98分的2003年份的“爸爸”(PaPa)西拉酒，都会被其极浓烈的甜度所震惊，它们和澳洲西拉酒的内敛厚实完全不同。西拉美酒滴滴艳红耀人，我将这5款令人心动的西拉酒统称为“巴罗沙5颗黑钻石”，不知各位美酒爱好者以为如何？◆

杜瓦的实体酒。

后记

巴罗沙河谷的 3 颗“小黑钻”

俗语说，红花还要绿叶扶。女士们都知道，即使钻戒镶上了一颗亮晶晶的主钻，也还需要一些小钻来堆聚出主钻的光辉，“主钻级”的酒园亦然。写完了“巴罗沙河谷的 5 颗黑钻石”后，意犹未尽，手痒之余，决定再增写 3 颗“小黑钻”。

第一颗小钻：罗夫·宾德酒园的海因利希酒

时逢 2007 年 9 月 18 日。9 月 18 日在历史上是一个令所有中国人伤心的日子，当天又有台风袭击台北。不过对我们几位爱酒的幸运者而言，当天也是“澳洲台风”来袭的日子：因为著名的罗夫·宾德园主来访，中午要请我们品尝他的几款得意的西拉红酒。

当我看到罗夫·宾德（Rolf Binder）先生时，觉得仿佛曾经在哪里见过。费了好大劲去回想，连上的前菜都食不知味，终于想起他曾经是澳洲真理酒园（Veritas）的园主。我立刻询问他和真理酒园的关系，原来，罗夫·宾德把真理酒园改为以自己的名字命名了，因为在美国早已有了以“真理”命名的酒园。

海因利希酒。

这也要怪那句拉丁酒谚“酒中存真理”(in vino veritas)太有名了,使得欧美所有的酒区都会有使用拉丁文“真理”为园名的酒园。

由“宾德”(Binder)是德国姓可知,这个在1955年成立的酒园是德国后裔所创,园区所在的澳洲南部巴罗沙河谷也是德国移民最多的地区。罗夫的爸爸在第二次世界大战前是一位化学家,在20世纪60年代以后开始扩大园区规模。1982年,罗夫开始学习酿酒,而后逐渐地在90年代以后接下了园务。本园最得意的是1972年开始栽种的西拉葡萄,目前都已经到达了生命中最光辉的时期。

本园最得意的两款以西拉葡萄为主的小园产品海因利希(Heinrich)——即英文的“约翰”,以及海森(Heysen)都是典型的德国名字。这两款产品会在全新的橡木桶中陈放一年半以上,酿造出来的酒果味无比强劲。年产量方面,约翰园为3600瓶,海森园为其2倍。帕克对本园是毫无保留地赞赏,并认为具有足以打败被号称为“南半球第一红”的彭福园农庄酒的实力,评分之高也令人意外。例如1996~1998年份分别为97、97、99分;1999及2001年份较差,“只有”92分;但2002年份又回到98分。海森园虽稍差,但也都在90分以上,间有96分的高分,例如1997和1998年份。

台风夜我们品尝的是2001年份的海因利希园。深紫色的酒汁,酒体极为扎实,口味极为浓厚,有极为特殊的青草、巧克力以及干果味,的确十分迷人。当我们酒酣耳热时,有酒友询问宾德先生,为什么不携带分数更高的年份来台北?谁知宾德先生做了一个鬼脸:他要我们期待他下次的来访。没想到这位壮实、面色红润,看似酿酒工人或是酒农,却胜过酿酒师、品酒师的园主,也会有如此得体且中肯的外交辞令功夫,令人刮目相看。目前一瓶海因

利希园的上市价也早已超过100美元，相信已经吸走了许多彭福园农庄酒的忠实支持者。

第二颗小钻：格林诺克湾酒园的伦飞路酒

同样出自澳洲南部的巴罗沙河谷，1982年有一位迈克·沃（Michael Waugh）把握了现代品酒界喜欢吹毛求疵的“单园酿造”风潮。我在本书《发挥“单园精酿”绝活——澳洲格林诺克湾酒园》一文中已经向读者介绍过这位沃先生的单园酿造的绝活。

当时，他发现老园区内有一批已经有六七十岁的老西拉树种，就将这些总共20公顷、分散成8个小园区的葡萄分别进行酿造，结果一下子就获得了澳洲酒评界的赞赏。虽然每年产量有25000～30000瓶，但平均下来每个小园区不过2000～3000瓶不等。这些不同的小园，虽然葡萄年龄不同，但园主妥善地运用新旧木桶混合的醇化方式，使得每个园风味各异，引得澳洲品酒界如痴如狂，甚至有不少酒迷每年以收集“整套”本酒园的作品为乐事。而帕克给的分数也经常超过95分，说本园是帕克最垂青的澳洲酒园之一也绝不为过。

本园最精彩的作品则是伦飞路（Roennfeldt Road）酒。这是一个只有1.5公顷的小园区。1984年第一个年份出产时，是用全部采自已有70岁高龄的西拉葡萄树的葡萄所酿成，每公顷只采收不到2吨的果实，一年也不过2500瓶上下。

伦飞路酒在全新的美国橡木桶中醇化长达3年之久，装瓶后再陈放2年才上市，

格林诺克湾酒园的伦飞路酒。

所以当然是香味浓郁，口感极强。喜欢重口味的帕克分别给了1995～1998年份两次100分及一次98分。

2007年仲秋，一位同好邀请我品尝他特地由澳洲寄回的几瓶2004年份本园的几款佳酿，我特意品味伦飞路酒很久。刚开始会有些兽皮、巧克力的浓烈口味，花香味不强。不过持续力甚为惊人，3个钟头后仍然维持强劲的口感，只不过刚开始时的一点点苦味及酸味消失了，转而有股淡淡的太妃糖的味道。一瓶酒能够在3个钟头内改变口感与味觉达四五次之多，真可谓“千面女郎”。

第三颗小钻：圣哈雷特酒庄

这是一颗小而美、只“香在门内”的小黑钻。为什么只“香在门内”呢？因为这款酒只在澳洲当地的葡萄酒与美食专业杂志获得高度评价，例如最权威的澳洲《企鹅葡萄酒导览》，2009年版给予了4.5颗星的评价。蜚声国际的《国际葡萄酒与烈酒》（International Wine & Spirit）杂志也授予了本园2004年的“年度酒园”大奖。

这个在1944年由林德（Linder）家族创设的酒园拥有一块700公顷的土地，这块土地上共有200个小酒园，混种着各种红、白葡萄，并以3个酒园最为出名：老园区（Old Block）、信念区（Faith）以及布莱克威尔区（Blackwell），其中最值得称颂的是老园区。老园区里栽种的西拉葡萄的历史可以

圣哈雷特酒庄的老园区酒。

上溯至1913年，且现在仍源源不断地结出累累果实。当然，当地也有陆续栽种的新葡萄，也都是60岁以上，是标标准准的“老祖父”级葡萄树。现本园已被澳洲四大酒类集团之一的Lion-Nathen所收购，这个集团还拥有另外5家十分成功的酒庄，例如酿造出质量一流但十分平价的霞多丽酒的Petaluma酒庄；出产曾经屡获大奖，也被称为澳洲经典西拉酒的Mitchelton酒庄。Mitchelton酒庄所酿制的Print Shiraz，色泽浓厚，咖啡味夹杂着樱桃与梅子香气，在10余年前初次进口至台湾省时，已被饮酒界视为足以和彭福酒庄的Bin707一拼高下的抢手货。

在财大势大的新东家的大力支持下，圣哈雷特酒庄可以花巨资来改善酿酒设备，以及给本园最珍贵的百年老葡萄树提供最好的照顾！

澳洲葡萄产区最大的优点是，19世纪以来，有许多葡萄园被废弃后，园主并没有铲除老根，而是让这些生命力特强的西拉葡萄树自生自灭，延续至今。等到20世纪80年代，世界顶级葡萄酒消费市场兴起，人人开始找寻“老藤”，澳洲荒郊野外的老废园又被当宝贝一般地“发掘”出

圣哈雷特老园区的照片，背后即大名鼎鼎的老葡萄树。

曾旅居智利的张佐民兄2011年夏天拜访圣哈雷特老园，居然在园区老葡萄树根处发现一个鸟巢，里面还有数只雏鸟，可见得这鸟巢已受到园方刻意的保护甚久。他特地拍摄下来，并寄给我。我也希望与朋友们分享园主这种有高度爱心的风范。

来。这也是被其他新兴葡萄酒产区钦羡之处。提到这里，我不禁想到曾两三度去拜访过的山东青岛市平度的大泽山葡萄酒产区。本来那里种有非常优良的雷司令以及霞多丽白葡萄，酿出来的白酒相当可口与地道，无奈10年前兴起的红酒热，让当地果农几乎将白葡萄树苗尽数砍除，改栽红葡萄。树干已经长到碗口粗，理应是葡萄质量最好，开始步入可长达三四十年的黄金岁月的葡萄树，变成燃料用木，让不少品酒客伤心地想落泪。

当然，这也是因为中国大陆土地珍贵，每位果农拥有的土地有限，只能计较眼前利益。将心比心，我们也不能苛责这些赚取辛苦钱（每1千克酿酒用葡萄的收购价不过5～6元人民币而已）的果农。

老园区的西拉酒成为圣哈雷特酒庄的旗舰作品后，甫一上市在澳洲当地收购价约为50美元，是布莱克威尔酒的2倍，是信念酒的3倍。但在美国市场上，老园

区酒已涨到70美元。年产量只有500箱，6000瓶上下。

不久前我刚品尝到2005年份的老园区酒，第一个反应是：停不下来，再喝一口。不得了的Creamy！好香的乳香味！夹杂着咖啡、花香，入口后非常温柔的丹宁及淡淡的甜味，优雅迷人。尤其是深红色的诱人色彩，浓稠又不扎口的果浆味，实在是第一流的好酒。据说这款酒年产量不过6000瓶，台湾省一年只进口100～200瓶，市价为新台币2500元。如果以这个价钱去购买勃艮第酒，只能购得顶级酒庄的地区酒或是普通酒庄的一级酒而已。我希望哪天能有机会，再为我的酒窖增添几个年份的老园酒，让我多享受几次澳洲百年老藤的诱惑！

总而言之，这些“小钻级”的巴罗沙美酒，至少可以陈放10～20年。酒友们不要担心，时光只会增加这些美酒“钻石”的光彩！

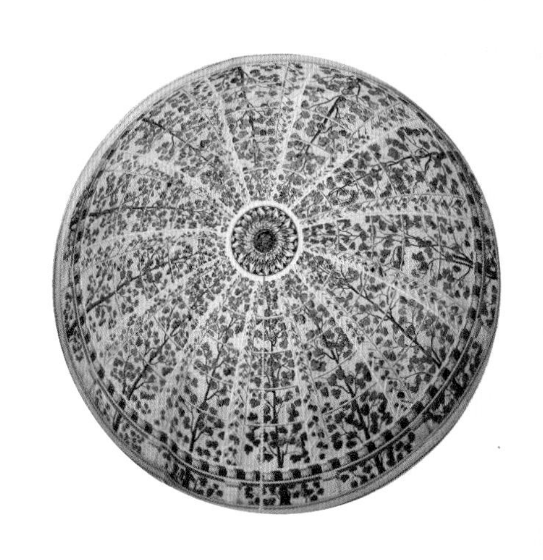

〔艺术与美酒〕

土耳其伊斯坦布尔托普卡匹皇宫内皇太后（苏丹母亲）宫殿餐厅上的穹顶。这幅布满葡萄藤与葡萄的彩饰绘于16世纪，正是拜占庭文化过渡到伊斯兰文化的见证。

12

具泱泱大园气派的澳洲太阳神酒

第一眼看到这个黑色酒瓶上面那张上白下黑的酒标，白色酒标中间以简单的笔法画了一个大眼睛时，我马上联想到埃及象形文字中常出现的一个符号，脑中不由得作出了预测：这八成是一款刚在埃及酿造成功的葡萄酒。也难怪我会有这种想法。这一二十年来，葡萄酒在世界酒市中的巨额利润，使得许多原来生产食用葡萄的国家也纷纷改种酿酒用的葡萄，以期获得更高的经济收益。譬如在葡萄酒发源地中东地区，以色列已经将以往的不毛之地或是战争警备地区开辟成一亩亩的葡萄园。目前当地已有了数百家酒庄，产品受到美国犹太社团的鼎力支持，在美国市场到处可见。我曾写过一篇《碧血黄沙上的葡萄园——以色列戈兰高地酒》（收录于拙著《酒缘汇述》中），记述此次以色列的“绿色革命”！

另外一个中东国家黎巴嫩，近年来虽然饱受战火的蹂躏，但是拜交通处于枢纽地位与社会开放之赐，近年来也能酿出进军世界的好酒。我在英国伦敦进修时，多次在当地黎巴嫩餐馆品尝到号称“中东第一”的慕沙堡（Château Musar），虽然总觉得滋味平平，口感较浓烈粗犷，但佐配阿拉伯烤羊排倒也不差。不过，想到这个昔日有“中东小巴黎”之称的美丽城市如今常年陷于内战，到处断垣残壁，如果能多几家类似慕沙堡的酒来提振被称为“中东美食代表”的黎巴嫩酒食文化，倒也是一件美事！

当我拿到本文开头提到的酒瓶细看时，才发现原来这是澳洲鼎鼎大名的本·格莱策(Ben Glaetzer)所酿造出来的“太阳神”(Amon-Ra)。而提到本·格莱策，就会令人想起澳洲巴罗沙河谷的格莱策(Glaetzer)家族。

看名字就知道，这个家族和巴罗沙河谷许多著名的酒庄主人，例如汉谢克酒庄(Henschke)一样，都是德国后裔。格莱策家族在1888年从德国柏林移居到南澳，尔后这个家族在当地酒庄工作，三代人累积了大量的酿酒知识。至1985年，当家的柯林·格莱策(Colin Glaetzer)与他的孪生兄弟约翰·格莱策(John Glaetzer)、柯林的太太与两个儿子（其中一个便是本·格莱策）一家5口都是酿酒师。他们在巴罗沙河谷东北角找到了一块极为干旱的老园区并成立了自己的酒庄。不久，本酒庄推出了以树龄超过60年的老株西拉葡萄酿造的“E&E”品牌，马上赢得了巴罗沙河谷“第一新秀”的美誉，这便是“巴罗沙河谷黑胡椒园”(Barossa Valley Estate Black Pepper)。本书《澳洲巴罗沙河谷的8颗大、小“黑钻石”》一文，详细介绍了这款充满了阳刚之气、口味浓厚的“黑胡椒酒”。

格莱策家族酿酒有一个简单的哲学：有好果园才能酿出好酒，越老的果树越能酿出口味扎实、果香浓郁的好酒。所以，柯林便将重心放在巴罗沙河谷，因为自1847年起就有许多德国移民世代在这里栽种葡萄，而且多半为保守、重传统以及节俭成性的新教徒移民，不太会动辄砍掉祖先

百年老西拉的粗厚藤干（图片由酒厂提供）。

亲手栽下的葡萄树,所以不难找到理想的老株葡萄树。

黑胡椒园成功后,格莱策家族打算以其家族的名义成立一个新酒园。他们在巴罗沙河谷西北角的艾奔尼哲(Ebenezer,也是德国名字)河谷相中了一块老园区。1995 年,“格莱策酒园”开始挂牌运营,酿酒的重任便交给了柯林的儿子本来负责。

本所中意的这些西拉老藤,树龄平均

格莱策酒园的 4 款酒。

都在 80～110 岁,产量极低。最老的藤,每公顷采收量不过 1000～1500 千克;最年轻的葡萄树,可望达到 5000 千克上下。即使是后者,也才达到当地年轻葡萄平均产量的一半左右。本对采收的葡萄严格进行挑选,在不锈钢的压榨桶内榨汁后,导入法国或美国的橡木桶中发酵,而后在新的橡木桶中醇化 1～1.5 年左右。1996 年年底,本园正式推出代表格莱策家族酿酒精神的葡萄酒。

目前,格莱策家族酒是以西拉葡萄为主打,4 款葡萄酒中最顶尖的为“太阳神”酒(Amon-Ra)。酒标上的大眼睛代表希腊神话中的“大地之眼”。太阳神是古埃及时代广为崇拜的神,也是“万神之神”,埃及的法老便是此神的人间代表。按照希腊的神话,“大地之眼”代表人的 6 种感觉,分别是触觉、味觉、听觉、思觉、视觉及嗅觉。本把这 6 种感觉体现在酒标上,大概便是要强调这款酒可以满足品尝者的 6 种感觉。

果然,这款浓郁万分的西拉酒一经推

出，便很快获得了品酒界的赞赏。以喜欢强劲果味、澎湃果体著称的帕克大师在品尝了2003年份的“太阳神”后，给了96分，他甚至还嫌这个96分太保守，认为装瓶后可能可以“破百”！2004年份则比2003年份更好，可以逼近百分。帕克用了很夸张的语言来赞美该酒：“‘太阳神’的香味，可以延伸到世界的尽头！”看样子帕克也可以冠上“语言魔术师”的头衔了！

而被称为“澳洲的帕克大师”的詹姆士·哈乐迪(James Halliday)，也在2006年5月的英国《品醇客》(Decanter)中文版杂志上刊载了一篇《令人感动的澳洲酒》。哈乐迪在全澳洲2200家酒庄中选择了172家酒庄，再从中挑出8家“最令他感动的澳洲酒庄”，列为最高的五颗星。哈乐迪从澳洲8个最重要产区中各挑出一家来代表，结果在巴罗沙河谷便挑中了“太阳神”。这“澳洲8大代表作”芳名如下：

1. Voyager Estate 酒庄(Uargaret 河谷)；2. Doug Balnaves 酒庄的 The Talley Reserve 级(Coonawarra 河谷)；3. Wirra Wirra 酒庄的 RSW 西拉酒(Mclaren 河谷)；4. 格莱策酒庄的“太阳神”(巴罗沙河谷)；5. Jeffrey Grosset(Adelaide 山丘)；6. Jering Station(Yarra 河谷)；7. Capercaillie 酒庄(猎人谷)；8. Howard Park(大南方产区)。可惜这些酒没有几款被引入台湾省。台湾本地品酒的水平与多样化，看来还有很大的成长空间！

哈乐迪认为“太阳神”具有黑莓、巧克力、橡木及成熟丹宁味，如“瀑布般注入口中”。因其酒精度高达15度，哈乐迪建议大家不妨找8位好友一起分享这瓶酒，并配上一大块现烤后腿牛排。这段叙述已经把“太阳神”的劲道完整地叙述出来了。

除“太阳神”外，格莱策家族酒的另外3款酒分别为：安娜蓓瑞娜(Anaperenna)、比秀(Bishop)及华莱士(Wallace)。

安娜蓓瑞娜是古代罗马“新年女神”的名字。相传罗马人在每年过年时，会向这位女神奉献美酒，以祈祷来年的健康、幸福。这款酒是以西拉葡萄为主，加上三成的赤霞珠；酒标上的符号象征日出、万

图中为“太阳神”酒。背景左图为清朝八品文官（相当于县政府一级主管，例如教育局长）鹌鹑补子，右图为清朝三品武官（相当于少将军衔）老虎补子。这两款补子是我最喜欢的彩绣钉金款式，乃清朝末年最正统、最灿烂光辉的章补（作者藏品）。

物的茁壮成长与生生不息。这款酒的口味也是浓郁至极。在2006年之前，该酒则是使用“至尊”(Godolphin)这一晦涩的酒名。

至于另外一款纯西拉葡萄酿制的“比秀”酒，以及西拉葡萄与歌海娜(Grenache)葡萄混酿的“华莱士”酒，则属于量贩级的红酒，因其价钱便宜，人人购得亦不会心痛。

格莱策酒园这4款酒的产量都不高，分别为1600箱、2500箱、2500箱及8000箱。至于价钱方面，以2005年份为例，在美国的市价(2007年年底为准)分别为75美元、60美元、42美元及21美元。相较于帕克给予的高分，美国《酒观察家》杂志给2004年份的“太阳神”打了92分，只能算是中上标准。

“太阳神”酒一年1600箱、共20000瓶上下的产量中，约1000箱、12000瓶是专供出口美国市场的。因此，即使在澳洲南部的阿德莱德(Adelaide)这样的产酒重镇，也不容易找到这款酒。

所以当我收到进口商寄来的申购单，知道格莱策酒园愿意割爱少量配额来试试台湾的市场反应时，我毫不犹豫地购藏了几瓶2005年份及2006年份的“太阳神”，以及2006年份的安娜蓓瑞娜。

一个周末，我趁欢迎两位德国法学教授的机会，分别试了2005年份的太阳神、2006年份的安娜蓓瑞娜以及1998年份的E&E黑胡椒园。我之所以选择这款也属于老株西拉葡萄酒，且已达到成熟适饮程度的1998年份黑胡椒园，是想比较一下格莱策酒园主人在这10年内酿酒的风格有没有变化。

“太阳神”在开瓶醒酒两个小时后，仍然有吓人的暗黑、深红的色泽。由于没有经过过滤，酒体可感觉到有浓烈的杂质。果味如同哈乐迪所说的，是充满了黑莓、巧克力的浓香，不过还闻不出优雅的花香味道。但令人印象非常深刻的是，当晃动酒杯时，感觉酒液似乎不愿意随之晃动，仿佛这不是由葡萄汁，反而是由“葡萄果酱”所酿成，无怪乎酒体是如此浓稠。我们尝了一口后，仿佛嘴唇都要被胶粘住了。看来这款酒绝对不能在10年内饮用！

这是法国勃艮第某个酒厂的墙壁上装饰的瓷盘嵌拼艺术。身穿古代服装的农夫正在采收葡萄，由农夫所持镰刀可知该作品是以中世纪的葡萄采收为蓝本的。

而安娜蓓瑞娜的酒体、丹宁就要温和得多了，除了西拉葡萄特有的浓厚果味外，还可以在其中尝到太妃糖味，以及淡淡的花香，是一支颇为讨喜的好酒。

至于已有10年之久的黑胡椒酒，则显现出优雅的深红色泽。尤其在醒酒一个小时后散发出深深的果香，入口回甘与回香，处处都令人惊艳。当年能获得澳洲、美国酒界一致赞赏的好酒，果然名不虚传。本的父亲，也就是老柯林先生，即是因为酿造出黑胡椒酒的成就，被澳洲酒界称为“巴罗沙男爵”！这是仿效法国酒界尊称木桐·罗吉德堡（Château Mouton Rothschild）堡主菲利普男爵被称为“波尔多男爵”而给予一位酿酒师的最高赞誉。

当我看到这酒体浓稠至极，似乎是由果酱酿造而成的“太阳神”酒，心中不免狐疑：难道本是利用离心抽水机把葡萄汁的水分排挤了出来？酿造浓缩果汁过程中经常运用的脱水设备，早已在一些二三流的酒庄中被作为提升质量的“秘招”。不过，我还是更愿意相信格莱策酒园会坚持尊重大环境、小风土的传统与格调，这也是我们为什么每当发现一款杰出美酒诞生时，都要不嫌麻烦地探索其成功的历程以及其催生者的主要理由。◆

后记

在本书定稿前，我读到一则外电报道:2007年上半年,巴罗沙河谷遭到数十年来少见的霜害与干旱的双重打击,几乎整个河谷的葡萄树都遭到灭顶式的灾害。本园年事已高的老葡萄树们更经不起这种又冷又旱的折磨，连老命都难保了,哪里还有闲情逸致开花结果?为了维护得之不易的名声，园主狠下心来将该年份的“太阳神”酒减产87%。如此一来,“太阳神”酒大概只够供应澳洲南部的内销市场了。2008年情况稍好,但也未脱离惨烈的险境,“太阳神”酒依然大幅减产(情况暂时不明),预计将达五至六成左右,安娜蓓瑞娜酒则将停产一年。这则消息印证了佛家“有舍才有得”的至理名言。格莱策酒园果然具有泱泱大园的气派。

天才酿酒师本·格莱策(图片由酒厂提供)。

13

意大利托斯卡纳升起的一颗明星

歌雅酒园的最新杰作

2010年夏天，我安排了一趟意大利酒庄之行，首站是意大利的米兰，第一个应该拜访的酒庄自然便是皮尔蒙特地区（Piedmont）的歌雅酒园。于是我写信给园主安其罗·歌雅（Angelo Gaja），他回信表示热烈欢迎，并要我一起分享新酿出来的托斯卡纳新酒。

提到歌雅酒园（Gaja），每一个饮家都知道这是位于意大利西北角最著名的葡萄酒产区皮尔蒙特的“天王”酒庄，它旗下所生产的每一支酒都拥有第一流的质量，还有那高得令人咋舌的价格。就以号称“歌雅三杰”的提丁之南园（Sori Tildin）、圣罗伦索之南园（Sori San Lorenzo）以及柯斯塔·卢西（Costa Russi）为例，这3个酒园2001年份的佳酿，在2006年初上市后，代表美国葡萄酒权威的《酒观察家》杂志便给这3款酒分别高达95、96、95的高分，这也是该年份各评比酒中分数最高的。美国市场也十分捧场，3款酒的市价都是350美元一瓶。而常年来在皮尔蒙特地区同样被认为是顶级酒的杰乐托（Ceretto）的罗可峰顶（Bricco Roche），评价虽也不差（93分），售价却只及前者一半（180美元）。即使在本园属于二军级的“怀旧”（Sperss）及卡泰沙（Conteisa），市价也都达200美元，并获得了93的高分，由此便可看出来歌雅酒园的“天王”地位。

也是拜法国波尔多木桐堡在1978年与加州的罗伯特·蒙大维（Robert Mondavi）合作酿制“第一号作品”(Opus One)引起销售的热潮、合作双方财源广进的先例之赐，陆续有重量级酒庄跨国合作设厂，形成一股风潮。例如木桐堡与智利的老牌Concha y Toro合作生产的Almaviva(1996)，蒙大维与智利的Errazuriz酒庄合作生产的西娜(Sena,1995)等都是例子。而在意大利本国内，也有跨区酿新酒的举动，最明显的是酿制传统香蒂(Chianti)以及引进波尔多葡萄品种、开创了酿造“超级托斯卡纳”风潮的安提诺里酒园(Antinori)，在1995年进军在意大利仅次于皮尔蒙特的孟塔西诺(Montalcino)酒区，酿造出了极为出色的“葡萄山原”(Pian delle Vigne)。歌雅酒园在皮尔蒙特地区已经是独霸一方，雄才大略的园主安其罗·歌雅何时会扩张其歌雅帝国的版图，这早已是爱酒人士心中的疑问。1994年，答案揭晓，歌雅先生终于“牧马南下”，插旗孟塔西诺。

歌雅酒园为什么没有如同木桐堡或是蒙大维酒庄一样，到美国或是人工较便宜的智利去设厂，将酒庄事业国际化，反而选择到不缺历史名园且土地价钱不菲的托斯卡纳去开创新的酿酒事业呢？要解决这个疑惑，最好还是请教酒园园主。刚好在我服务的单位有一位意大利西西里大学的博士研究生欧阳永乐先生(Manuel Delmestro)，为了让歌雅先生能畅所欲言，我遂借用他的意大利文与歌雅先生联系。

其实在两年前歌雅先生访问台北的餐会上，我和他有过一面之缘。当他看到我送他的拙著《稀世珍酿》是以1979年份的提丁之南园作为封面时，他十分高兴，因为1979年正是他的爱女歌以雅(Gaia)出生的年份。这位长女颇得其父的真传，目前已经掌管部分业务，日后大概也有接班的准备。满脸笑容的歌雅，用意大利人标准的热情拥抱及口吻说道，他将好好珍惜这本具有“巧合”纪念价值的酒书。

所以，当他收到我的去信时，立刻毫不保留地告诉了我这个新酒园的产生过程：

原来，早在1989年3月，罗伯特·蒙

大维便和歌雅先生联络，提议要成立一个名为“歌雅及蒙大维”的酒庄。收到提议后，歌雅先生评估了一下双方的状况：歌雅自认是一个只拥有100公顷园地、年产30万瓶葡萄酒的“老酒匠”（artigiano del vino）；蒙大维酒厂却是一个年产1200万瓶的工业型大企业。所以，歌雅感觉上便认为一个是蚊子，一个是大象。但是，蒙大维却认为这不成问题，大家可以先成立一个20或50公顷左右的小酒庄开始合作。歌雅当时没有明确拒绝，只是以“考虑考虑”作为答复。1991年10月，蒙大维先生邀请歌雅先生到纽约正式讨论合资设园之事。歌雅先生虽然已经打算回绝此项提议，但仍依约到达纽约。结果，蒙大维先生不仅携带助理到场，还外带两位律师同来。歌雅先生在信中提到“律师”这个用语，居然用大号的字体外加五个惊叹号！可知歌雅先生当时极度不悦。

歌雅先生手中捧着本书作者赠送的两本著作。

歌雅先生虽然一再表明他相信蒙大维先生是一个绅士，这个举动不会有什么恶意，且蒙大维先生认为可以在双方平等的基础上来共同设园，并提到在意大利设一个酒园是他终生的梦想，希望通过双方互补的优点实现他的梦想，但却如此回答蒙大维先生：双方合资设厂，就仿佛是男女结婚般，性爱是很重要的。歌雅先生与蒙大维先生的结合，“就仿佛是蚊子与大象在做爱一样”，大象可以很快乐，但蚊子要付出的代价太大了，可能会被压死。所以，双方合资之议就此告吹。

在回绝了“大象”的提议后，歌雅先生便开始考虑自己在意大利国内扩张版图的计划。因为从20世纪80年代开始，歌雅酒园每年30万瓶的产能已经远远不足以应付国内外市场的需求，因此家族内也有要求扩大酒园规模的声音。对此歌雅先生极力反对，他认为一旦扩充酒园的产能，必然导致质量降低，所以他说服了家族成员维持酒园现状，避免任何波及酒园声誉的风险。

而替代的方案，便是到另一个优良的酒区，也就是托斯卡纳去开辟一个新的天地。歌雅先生认为，既然托斯卡纳地区能够出现那么多家优秀的酒庄，例如贝昂地·山弟(Biondi Santi)、萨西开亚(Sassicaia)等，那么只要善用歌雅酒园在皮尔蒙特的成功经验，一定可以在托斯卡纳再创佳绩。因此，1994年歌雅先生在著名的孟塔西诺酒区买下了15公顷的园区，另外还在离萨西开亚园区不远的波格利(Bolgheri)地区购得60公顷土地。除种植本地种的桑乔维亚（Sangiovese）葡萄外，主要的还是波尔多的葡萄种。歌雅先生酿造"超级托斯卡纳酒"的意图再明显不过了。歌雅先生的托斯卡纳酒园包括3个酒园，终于在2000年开始酿造。

第一个酒园——马坎达园（Ca' Marcanda），位于托斯卡纳南部，本是种植水果及橄榄的果园，夹杂有若干小葡萄园。由于离海不远，潮湿的水汽、白土与褐土交杂的石灰岩与卵石、充足的阳光，让此地新种植的波尔多葡萄长得十分壮硕。马坎达酒以50%的梅乐、40%的赤霞珠以及10%的品丽珠混合，会在几乎全新的橡木桶中醇化一年半后，再装瓶陈放一年才上市。年产量仅有26000瓶，是一款非常深色但果香味十足的酒。

第二个酒园——承诺园（Promis），以55%的梅乐、35%的西拉以及10%的桑乔维亚混合，是一种柔软与顺口的酒，帕克给第一个年份(2001年份)评了90分,而美国《酒观察家》杂志给前3年的分数分别为88分、87分、85分,只能算是中上的成绩。

第三个酒园——玛佳丽园(Magari),意大利文“Magari”相当于英文“hope so”(但愿如此),表达了歌雅先生希望美梦成真之意,是由50%的梅乐、25%的赤霞珠以及25%的品丽珠混合而成。虽然有位酒评家Molti称呼这支酒是“意大利的波仪亚克”,但是这个比例既与法国波尔多右岸独钟梅乐较为接近,而另一半的赤霞珠种又与左岸接近,所以恐怕不似波仪亚克,而是一种调和式的波尔多方式。这款酒会在全新的橡木桶中醇化一年半后才装瓶,装瓶半年后才上市。第一个至第三个年份,帕克给了93分、89分及86分,美国《酒观察家》杂志则给予90分、88分及91分。这算是3家酒园中评价最高的一支酒。

我刚获得的歌雅酒园新酒是2003年份的承诺园及玛佳丽园,遂邀两位好友一起品尝。我们怀着极大的好奇心,试试这两瓶皮尔蒙特“天王”南下牧马的“牛刀小试”。2003年份的托斯卡纳酒比起悲惨的2002年份要好得多,几家著名酒庄都获得《酒观察家》杂志90分上下的佳绩,例如兰波拉堡(Rampolla)的圣马可(Sammarco,92分)、阿吉阿诺堡(Argiano)的索仑可(Solengo,90分)。而承诺园这款85分、年产近8万瓶、美国市价44美元的酒,则非常甘洌顺口、十分优雅。歌雅先生告诉我,他希望酿造出一支不太复杂、具有清新气息的葡萄酒来,反映出波格利地区的特色。由于在当地极少有种植西拉葡萄的地方,所以加入35%的西拉算是一个重要的尝试。歌雅先生认为西拉葡萄十分适合这块土地,日后意大利将可能成为西拉葡萄酒的重要产地。承诺园可能是因为葡萄树太年轻,所以酒体较为轻盈,也因为追求清新果味,入口仍有轻微酸味,但是温和的丹宁,以及相当均衡的樱桃、浆果味,加上淡淡的木头香气,配上主厨特别送上的海鲜色拉头盘、熏牛肉等,的确是很好的佐餐酒。以其价位及口感,相信会给同区

两款“歌雅王国”孟塔西诺酒区的新成员——2006年份的雷妮娜及苏嘉丽娜。黑白的标签，与背后刚刚过世的旅美现代画大师姚庆章的作品（作者藏品）颇为相衬。

酿制“超级香蒂”的伊索园(Isole e Olena)的Cepparello带来极大的挑战（读者如有兴趣了解此园,可参阅拙作《意大利的阳光——伊索酒园的超级香蒂酒》,收录于《酒缘汇述》一书中)。

接着我们又试了玛佳丽园。歌雅先生告诉我,有酒评家称呼这支酒是“意大利的波仪亚克”,虽然他个人也非常钦佩波仪亚克,但是他不打算把酒酿成波仪亚克的风格。他希望利用这些已经国际化的葡萄种类酿造出的酒,具有“能说出托斯卡纳三个地方方言,并能够成为一个呼吸本地土壤的伟大使者”。所以,并非一心一意要让人喝这款酒后会联想到与法国波尔多哪瓶酒有似曾相识的感觉。

果然,我们几位试了试这瓶带有浓郁花香和淡淡巧克力、皮革及浆果味,入口果酸及丹宁极为均衡的酒,虽然不容易归类到法国产区,但我个人认为颇有澳洲新潮混酿酒的风貌,也的确可以肯定歌雅先生的手艺。不过,入口可以明显地感觉甜度稍高,虽然没有达到美国时下流行的加州顶级酒的那种令人不悦的甜度，但以“老世界”的标准,仍然不免过甜。不过,佐配意大利著名的炖牛膝、烤小牛肉倒是十分合适。玛佳丽园在2003年的产量近6万瓶,美国市价为70美元,在台湾市价也接近2500元新台币，比起同年份的波尔多顶级酒具有很强的竞争力。

试过歌雅酒园的两瓶新酒后,一位朋友拿出一瓶2002年份的萨西开亚来作一个比较。这瓶被美国《酒观察家》杂志评为87分（比起2003年份的承诺园稍多2分),但在美国的市价却高达190美元的托斯卡纳“巨星”,果然在果香味的深沉、酒体的沉厚上略胜一筹。但是,毕竟年份不佳，其回香及丹宁的结实仍有不足,不过同样优雅、芬芳,令人一品再品。2002年份的萨西开亚可能不具有陈上20年的能力,但绝对是款诱惑力十足的美酒。

诞生于歌雅酒园的新酒,虽然没有如外界所期待的澎湃与强壮的酒体,但是我们也要理解这些酒园是新建立的,而不是如不少新蹿起的顶级酒庄那样,是利用已有的老葡萄园来酿酒。所以，我们十分钦佩歌雅先生能够挽起袖子，一丝不苟地从头干起。希望他坚持“老酒匠”的精神，也许再过数年，等到新栽的葡萄树进入黄金岁月时，将会酿出酒体更强健与果味更澎湃的美酒来。

前文提到，歌雅先生 1994 年在孟塔西诺买下 15 公顷园区。此园区生产两款孟塔西诺酒，分别是雷妮娜（Rennina）以及苏嘉丽娜（Sugarille），前者是三园混酿，后者为单园酿造，年产量只有 7 万瓶。两款酒在 1996 年上市后，迅速获得多方的赞誉，帕克的分数都在 93 分上下。2012 年 11 月初，我在台北与庄主大女儿歌以雅小姐一同品尝了 2006 年份的这两款酒（帕克分别评为 94 分及 95 分）。它们都有温柔的丹宁，以及强烈的黑莓与樱桃香气，余韵不绝。少庄主再三推荐 2006、2007 及 2010 年份的孟塔西诺酒，当年每个酒庄的质量都很好；至于 2002、2004 及 2009 年份，则要避免购买。谨供读者们各自参考吧！◆

3 款歌雅的托斯卡纳酒。

14

阿马龙酒的桂冠之作

达法诺酒庄

当我的一位酒友,也是在台湾从事电影评论与美酒进口近20年,最近忙于讲授美酒课程的黄辉宏兄和我研究北意大利威尼斯的附近有无值得一访的葡萄酒庄时,我毫不考虑地建议他:应该去拜访酿造出全意大利第一等阿马龙酒的达法诺酒庄(Dal Forno)。

9月初,意大利的葡萄还未成熟,红绿相间,十分美丽!

提到意大利,每个人的脑海里都会联想到罗马帝国、阳光、葡萄酒及时装。的确,除了罗马帝国已经在意大利各地留下雄伟的遗迹之外,意大利的确还充满着阳光与葡萄酒。各街市上、各橱窗内,到处都是令人目眩神迷的时装。当然对于爱好美酒的我们来说,肯定是全神钟情于意大利的美酒。

毕竟意大利已有超过3000年的酿酒历史,在漫长的酿酒岁月之中,酒农们已经由经验中发展出酿酒的各种绝活。其中一项绝活就是在欧洲酿酒"老世界"中比较少见的"晾干酿法"。这是一种将新鲜采收的成熟葡萄加以晾干之后，才压榨、发酵成为葡萄酒的酿造方法。这种酿造法，若使用在沾染了宝霉菌的白葡萄上，便成为宝霉酒。但在红酒方面，将健康的红葡萄晒干后酿制红酒这种做法，主要是在意大利东北部的威尼托(Veneto)产区采用。这种晾干酿法，意大利文称为“雷西欧托”(Recioto)；所酿出的红酒称为“阿马龙”(Amarone)，是意大利最有特色的红酒。

为什么意大利威尼托的酒农不将成熟饱满、汁多味美的葡萄直接榨汁酿酒，反而要晒干、晾干，白白损失将近1/3左右的产量?这当然有一定的道理。威尼托地区拥有靠近威尼斯这个欧洲历史上最繁荣港口的地利之便，很早便成为葡萄酒出口的重镇。由于销售面向海外地区，本地却没有昂贵的消费能力，所以本地区酿制的葡萄酒，不论是苏瓦韦(Soave)白酒还是瓦尔波利塞拉(Valpolicella)红酒，都是属于果香味浓厚、酒精度较低，适合年轻时饮用的佐餐酒。

所以，喜欢饮用口味强劲、酒体强壮复杂以及陈年口感红酒的北意大利人，尤其是威尼斯富庶地区的上流社会人士，就选择饮用米兰附近皮尔蒙特(Piedmont)地区出产的巴罗洛（Barolo）或巴巴罗斯柯(Barbaresco)，或是佛罗伦萨附近出产的孟塔西诺之布鲁内罗(Brunello di Montalcino)。慢慢地，经济的诱因使本地酒农想出了“晾干酿法”的特殊酿酒方式。葡萄一经晾干之后，会产生类似葡萄干、坚果以及核桃的香味。同时，晒干或晾干使葡萄内的水分消失一半以上，也加重了糖分，使得酒精度可以增加2～4度，因此阿马龙酒的酒精含量可以轻易达到14.5～15.5度。再加上放置于橡木桶内的陈年功夫，使得阿马龙酒的酒体能够陈上10年之多。如今，阿马龙酒的身价已非昔日“吴下阿蒙”，成为本地区最昂贵的红酒。

其实这本是农业社会常见的技巧，许多食品经过了晒干或者半晒干的程序之后，反而会获得另一种滋味，甚至可以售得更高的价钱，明显的例子可举鲍鱼或者是海参。所以，意大利酒农只不过是比全

2002 年份的阿马龙酒，出厂价即高达每瓶 250 欧元。背景为与 1998 年张艺谋执导、在北京太庙演出的歌剧《图兰朵》第三幕中图兰朵公主所穿、由苏州民族戏剧服装厂所绣制的同一样式的蓝底彩荷袍服（作者藏品）。

世界其他一样种植葡萄、酿葡萄酒的果农更早“开窍”，想到用晒干葡萄的方式酿造出阿马龙，以及被称为“圣酒”（Vinsanto）的甜白酒。同样也是拥有超过2000年种植葡萄历史的我国吐鲁番地区，却没有培养出这种酿酒的工艺，而只是倾其力于制造生食的葡萄干，我们只能说吐鲁番地区没有进步的饮酒文化，才没有带动、启发千百年来吐鲁番无数果农的巧思！

阿马龙酒由当地一种土生的科维纳（Corvina）葡萄酿成，这种葡萄也是酿造瓦尔波利塞拉红酒的主要品种。一般的瓦尔波利塞拉酒，会用七成至八成的科维纳葡萄，再使用当地3～4种名不见经传的红葡萄混酿而成。讲究的酒园在酿造阿马龙酒时，不是在采收后才严格挑选极度成熟的果实，而是在栽种时就特别强调葡萄的“受阳机会”，因此常常只采收一棵葡萄树最上端的2～3串葡萄来酿制阿马龙酒。我曾经拜访过顶级的达法诺酒庄，便看见这个酒庄以及周遭同样酿造顶级阿马龙酒的酒庄都是采用棚架栽种法，这和我在皮尔蒙特地区以及孟塔西诺酒区看到的情形完全不一样。这种棚架栽种法在生产较昂贵且供生食用葡萄的地区经常可以看见，但在一般酿酒区不会使用这种需要耗费许多支撑木料以及人工照顾的栽种方式。棚架栽种法的好处，是可以将成串葡萄置于棚架之上，从而充分接受阳光的照耀。阿马龙酒的酿制，的确让意大利酒农耗费了不少的精力以及财力。

酒窖内装设的水龙头，也精心雕上天使的图样，庄主打算让这个酒窖再使用两三百年。

因此,阿马龙酒的酿制,除了财力雄厚的大公司之外,都是小农生产,产量不过几百至千瓶,海外市场很难有所拓展。而具有外销能力的大厂,例如 Masi、Tommasi、Zenato 等,都能够年产二三十万瓶,全都是工业化的制造,因此可以生产各式包括阿马龙在内的瓦尔波利塞拉酒。在价钱方面,口味强劲的阿马龙酒经常维持在 40～70 美元之间,属于中上的价位,并非拒人于千里之外。我个人就非常喜欢这种既可以单饮,又可以搭配炭烤海鲜或红肉等食物的阿马龙酒。当然,价钱的因素也是我乐意挑选这款酒的主要原因。

但提到顶级的阿马龙酒,美酒世界中恐怕没有任何人反对将这顶桂冠戴在达法诺酒庄头上。达法诺家族位于离罗密欧与朱丽叶爱情悲剧发生地的维罗纳(Verona)小镇东方不过 10 来千米的小村庄,在当地拥有 20 多公顷的农地,达法诺家族 5 代人都住于此。起初也和当地人一样,一半种庄稼,留下一部分地种植葡萄酿酒。所酿的葡萄酒也是质量平平的日用酒而已。

这种情形一直到现在的庄主罗马诺(Romano)在 1980 年开始当家之后才有了革命性的改变。罗马诺先生认为,整个国际酒市场会朝向高价位发展,而高价位的酒必定是重口味、可以陈年的红酒,所以唯有将酒的质量尽量提升,否则酿酒业将会无利可图。因此,从 1983 年开始,罗马诺先生全力投入研制最高等级的阿马龙酒。

罗马诺将严选的科维纳葡萄放在室内,用电风扇持续风干 4 个月之久,而后加以榨汁发酵,再置入全新的法国橡木桶中醇化两年以上。这种陈年的功夫,和世界各酒庄酿造顶级红酒的程序毫无二致。因此,酿出来的阿马龙酒有极为扎实的酒体以及 15 度以上的酒精浓度,具有 20 年以上的陈年实力。

罗马诺先生每天都会到酒园去巡视,亲力亲为。每年只生产 9000～10000 瓶的阿马龙酒,具有澎湃果味与坚实酒体,当然不会被美国的帕克大师所忽视。帕克给这款阿马龙酒的分数几乎都在 95 分以上，例如1996及1997年份就给了99分的高分。帕克的高分肯定马上反映在其价格上，目前一瓶阿马龙酒的出厂价高达200欧元，在市面上至少还要涨1倍以上。台湾近几年来偶有进口商进口少量（1箱左右）的阿马龙酒，但一瓶的售价不会低于400美元，且根本无需做广告就被识货者捷足先登、抢购一空了！例如1989年份的阿马龙酒，帕克评了96分，但当年全美国只进口50箱，共600瓶，甚至还不够纽约一地的消费量。所以，本酒庄的阿马龙酒对世界各地的美酒界来说，大都只是“闻其名”而已！

达法诺酒庄除了当家绝活的阿马龙酒外，也酿制一款“超级瓦尔波利塞拉酒”（Valpolicella Superiore）。它来自威尼托地区酒农们一种变通的酿酒方式。阿马龙酒在压榨后还剩下不少果皮与果肉残渣，这些残渣中富含不少的葡萄汁，如果直接丢弃或是拿去酿造渣酿白兰地（Grappa）又嫌可惜，所以酒农将新酿的瓦尔波利塞拉酒注入这批残渣中，让它们浸泡并且再度

本书作者与达法诺庄主罗马诺先生的合影。

发酵，为期2～3周，让残余的果香完全融入新酒，也使新酒获得更强的色素及酒精度。这个过程被称为“理帕索”（Ripasso），所酿造出来的酒便称为“理帕沙”（Ripassa）。这是款价钱、口感介于阿马龙酒与一般的瓦尔波利塞拉酒之间的中价位酒。

达法诺酒庄酿制的理帕沙便被称为“超级瓦尔波利塞拉酒”。莫看这款只是属于较平价的次一级酒，罗马诺先生也费尽了全力。除了酿制过程和阿马龙酒不同之

达法诺酒庄的超级瓦尔波利塞拉酒。

外，陈年的方法完全一致，都使用全新的橡木桶，陈年时间也接近2年。更有趣的是，达法诺酒窖内的各个橡木桶都会随时添加新酒，两种酒也经常互加，可见两种酒是“血脉相通”的。至于价钱，本酒约是阿马龙酒的六至七成。

此次造访达法诺酒庄，我有幸在酒窖中试饮了还在桶中陈年的2004年份阿马龙酒和刚罐装的2005年份超级瓦尔波利塞拉酒。阿马龙酒有黑紫的色泽，颇似波特酒。摇晃时仿佛有黏稠的滞重感，入口后有极为浓厚的加州李、桂圆干、葡萄干味以及淡淡的干燥玫瑰花香气。口感稍偏酸，却也不失细致。虽然酒精度高达15度左右，但不觉扎口。木桶的香气仍足，我相信至少要陈上10年，才可以使其香气达到高峰。当我笑着问罗马诺先生，这款2004年份的阿马龙酒大概可以获得帕克多少分的评价时，他的答复为：“大概95分以上吧！”我们且拭目以待。

2005年份的超级瓦尔波利塞拉酒，体态较为轻盈，橡木桶的焦味更见突出，同时浆果味、花香味及李子味也极其明显，它会令人想起法国梅多克(Médoc)区二级或三级酒庄的作品。这款酒刚出厂就可以享用，因此如果比起法国类似质量的顶级酒，这款酒的价钱无疑具有较高的竞争力。每年的产量约在2万瓶上下。帕克的评分经常在90～95分之间。

当我们到达阿马龙酒庄时，这栋建于19世纪的农庄正在进行全面翻修。酿酒房中巍然竖立着十几个万余升的不锈钢酿酒槽。我好奇地询问庄主，以其目前每年只有不到3万瓶的产能，何必购置4～5倍以上的酿酒设备？原来庄主打算扩大生产规模，因为之前从全球各地如雪片般飞来的订单，绝大多数都收到了“抱歉”的回函，因此才有了扩大生产规模的打算。

我们还仔细参观了酒庄全电脑控制的生产设备。在一个装备了空调的大厂房中，已装好数排可以自动移动的巨型电风扇，将作为风干葡萄之用。顶级的阿马龙酒已经不能再用“土法”风干的方式了。在以往手工制酒的时代，葡萄被置于一般房舍之内，果香会吸引虫蚁鸟鼠，使得葡萄受到感染。因此，达法诺酒庄配备了先进的电脑来控制葡萄的湿度，电风扇能够补足自然风所不能达到之处。

看到偌大的厂房内仅有罗马诺先生以及3位儿子与眷属负责酿酒事宜，我才明白为什么刚开始我向他们表达参访意愿时他们客气地回答：“由于我园人手不足，恕难接待超过3人以上的团体。”不过，当他知道我们15位团员都是美酒迷，且十分了解该厂阿马龙酒的来龙去脉时，加上我也曾在拙文中介绍过达法诺酒庄，他们就欣然破例了。常听人说意大利人和中国人的民族性颇为类似，在此我们又获得了一个例证！◆

达法诺酒庄内可自动移动的巨型风扇，用来风干置于风扇中间的葡萄。

15

美国天才酒庄

加州柯金酒窖

美国加州的确是一个上天特别眷顾的宝地。尤其在葡萄酒的王国中，没有其他任何一个国家能像美国加州般幸运而又成功，能在二三十年内有如此多名园有如雨后春笋般纷纷成立。而最重要的特征是，它们都是由非葡萄酒专业人士所“筑梦”成功的伟业。下面一个成功的“兴园计划”又是一个“美国梦”式的奇迹！

话说当年一位在美国南部佛罗里达州经营画廊的时髦女性安·柯金(Ann Colgin)，和藏酒甚丰的夫婿来到了加州纳帕谷，于1992年看中了附近霍华山(Howell Mountain)上一个仅有3公顷大、名叫“羔羊”(Herb Lamb)的果园，便买下来开始酿酒。同年酿出了第一个年份的赤霞珠酒，有将近5000瓶之多。

柯金的先生是位美酒鉴赏家，当然了解酿造顶级酒所需要的技术，例如严选成熟葡萄、控制产量与使用全新橡木桶……第一个年份出产时虽然已获得不少佳评，例如美国《酒观察家》杂志负责加州酒评鉴的James Laube评为92分，且认为此酒值得持续关注，但其销售全部通过网络预订，且每瓶定价只有29美元，因此它只算是一个起步不错的酒庄而已。

但是柯金酒窖走运了，马上遇到了贵人。在加州，当时除了有一位在达拉·维尔酒庄负责酿酒并被称为“加州甚至全美第一女酿酒师”的海蒂·巴瑞女士外，还有一位可以挑战其地位的女酿酒师——海伦·杜丽(Helen Turley)。杜丽女士名气很大，2010年7月31日的《酒观察家》杂志曾以她作为封面故事，标题为“谁是美国最伟大酿酒师”。美国的帕克曾誉之为“加州酒之女神”。迄今为止，杜丽女士曾在15个酒厂负责酿酒，而且都是顶级酒庄。

本园成立后第二年(1993年)，杜丽开始掌管酿酒大权，并用接下来的6年成功把本园推上了高峰。帕克的评分也都在96分以上，1997年份还逼近百分大关。酒价也可以反映出此成就：从1993年份每瓶40美元的出厂价，到1999年杜丽女士离开时，出厂价已经达到200美元。而在消费者手上，更翻了几倍，一般可达4倍。目前，2004～2006年份都在95分上下，价钱也维持在400、350及500美元。

经营艺术品买卖的东家柯金女士当然了解手有余钱时要尽量收购精品的道理，所以陆陆续续收购了两三个园区，例如仅有1公顷的泰奇森山（Tychson Hill）园区、有8公顷左右的第九区(IX Estate)园区及马卓纳农场(Madrona Ranch)，主要酿制波尔多风格酒以及西拉酒。杜丽女士1999年的离开也没有影响本酒的水平，园主开始聘用专职的酿酒师奥贝(Mark Aubart)等一流好手，继续酿出顶级的好酒。

在这些新购入的小园中，足以凌越羔羊园的佳作应为泰奇森山的赤霞珠酒。这是将仅有10年树龄的葡萄，经过极为严格的选择，每公顷最多收获4000升，进行两次压榨，并以全新橡木桶醇化将近2年，装瓶后再陈放近1年后方出厂，使得本酒有极为丰厚的口感。本酒2000年后上市，仅有不到4000瓶的产量。加上帕克都给予高分，尤其是给了2002年份的满分，让本酒顿时成为万方争购的对象。以2010年秋天美国市价为例，每瓶高达970美元；2003～2006年份的成绩徘徊在96分与98分之间，价钱则为每瓶350、500、400及425美元。

另一个也吸引各方注意的是第九区园区。此处有两种葡萄分别用来酿酒，一

2004 年份的柯金酒窖第九区赤霞珠酒。旁为中国台湾新锐陶艺家钟敏建的青瓷盘作品，温润可人。

为波尔多风格的赤霞珠酒，另一为西拉酒。第九区的赤霞珠酒年产量近1万瓶，自2003年份以来，帕克的评分由刚开始的95分，到次两年的98分、97分，到2006及2007年份连续两年的满分（2007年份获得《酒观察家》杂志97分的高分）。出厂价也由每瓶280美元一路攀升到477美元，现在已成为柯金酒窖的炙手招牌货。

西拉酒的评价与价格则稍逊一些，每年产量将近6000瓶。近几年，例如2005年份及2006年份，帕克评为94分，价钱分别为370与260美元。2007年份被《酒观察家》杂志评为93分，美国出厂价为175美元。

至于马卓纳农场的小园，也有亮丽的成绩，2004～2006年份都在96分与97分之间，价钱也分别为380、320及520美元。

因此，柯金酒窖旗下4个小酒园园园精彩，正好印证了“本园出品，必属佳酿”的广告词。柯金酒窖的成就与骄傲，足以和哈兰酒园（Harlan Estate）相互争辉。

2010年秋天，当我的一位老友得知我正在撰写本文时，刚巧收进一瓶2004年份的第九区赤霞珠酒，约我一起品尝。这一年份是以55%的赤霞珠葡萄为主，另外26%为梅乐，13%为品丽珠，其他6%为小维尔多。由于赤霞珠葡萄占了不到七成，严格而言不算是典型的加州赤霞珠酒，所以颜色并非紫黑，而呈现深鲜红色。入口有甚为强烈的桑葚、酸梅及浆果味，也有青草、薄荷味，但总而言之，有太强烈的花香。酒体浓烈，仿佛浓缩果汁般黏稠，想必还可以再陈上10年。

整体感觉，我总认为这种美国新潮式的膜拜酒口感丰厚有余，令人感动的回香味及优雅度仍嫌不足。同样的价钱，我不禁怀念起波尔多的花堡（Château Lafleur）或是欧颂堡（Château Ausone）了。

美国加州的成功，让我不禁一再感叹：我们何日可以喝到真正由中华儿女酿造出的原汁原味、可以震惊世界酒坛的“中华顶级红”？◆

16

美国加州“蒙大维帝国”崩溃后的复兴希望

迈克·蒙大维的M酒

2008年5月16日，是许多美国加州酒庄下半旗的日子：因为有“加州葡萄酒教父”和“加州葡萄酒复兴者”美誉的罗伯特·蒙大维(Robert Mondavi)去世了，享年95岁。这个叱咤美国葡萄酒市达半个世纪之久的酒业巨人，其亲手创建的罗伯特·蒙大维酒庄率先向欧洲顶级酒庄取经，打造出美国亦可酿制出世界顶级酒的名声；与法国木桐·罗吉德堡（Château Mouton Rothschild)合作成立名利双收的“第一号作品”(Opus One)酒庄，更是将罗伯特的名声推至顶峰。在美国酒最辉煌的20世纪90年代，“蒙大维帝国”纵横加州与南美洲，到处购买葡萄园，积极推广“第一号作品”酒庄的合资设厂模式。罗伯特·蒙大维已经从专业的酿酒人，摇身一变成为国际酒业的巨子。四处征伐的结果，“蒙大维帝国”就好像中世纪的东罗马帝国，幅员大则大，但金玉其外、败絮其中也是在所难免。

就以“蒙大维帝国”的看家酒——纳帕谷赤霞珠精选酒（Cabernet Sauvignon Napa Valley Reserve)为例，这款酒曾经是本酒庄最得意的作品，也是美国加州酒进军世界葡萄酒俱乐部的代表作，1974年上市以后一直是藏酒家酒窖中的必备品。然而随着“蒙大维帝国”的扩张，本酒的质量反而下降。在加州纳帕谷其他二三百家酒庄无不铆足全力抢搭“蒙大维旋风”的列车，酿造出质精价昂的好酒的时候，此款蒙大维精选酒却逐渐成了夏天繁星闪亮的夜空中最黯淡的一颗星。我在拙著《稀世珍酿》一书中已将这款酒列入“除名”的名单。

在整个20世纪90年代，罗伯特·蒙大维意气风发，不仅长袖善舞，而且乐于助人，因此人缘极好，获得“美国葡萄酒亲善大使”的称号。罗伯特·蒙大维最为人津津乐道的是，他曾捐赠3500万美元给加州大学戴维斯分校。其中，2500万美元用于成立蒙大维葡萄酒与食品科学研究所，1000万美元作为设立蒙大维表演中心之用。这也是加州大学有史以来所收到的最大一笔私人捐款。就这点而言，罗伯特·蒙大维足可以晋身到美国最受人尊敬的阶层：具有专业能力，富可敌国，最重要的是乐善好施！

但是，“看他起高楼，又看到楼塌了”。蒙大维帝国究竟还是家族企业，大儿子迈克(Michael)因颇得爸爸的信赖才由酿酒本行转为行政总管，一手包办管理与营销，次子提摩太(Timothy)负责酿酒。美国经过2001年“9·11”恐怖袭击后，经济萧条引起的金融危机马上冲击了“蒙大维帝国”，2003年公司年收入4.5亿美元，却只有1700万美元净利，为往年的1/3不到，濒临亏本。因投资决策不当，迈克于2004年辞职离开公司。紧接着在2004年年底，

蒙大维传奇落幕后，再写传奇希望的迈克·蒙大维。

整个公司被卖给了美国最大的酒类财团Constellation集团。虽然蒙大维家族的每个人都分到了一笔可观的股金，但50年来的辛苦成果却完全拱手让给了他人。

当时已经92岁的罗伯特·蒙大维，心境之凄凉可想而知。美国作家海明威的《老人与海》中有一句名言："男人可以被击倒，不能被打败。"罗伯特·蒙大维果然马上站起来了。2005年，他带着小儿子提摩太和女儿玛西亚(Marcia)在纳帕谷普里察山(Pritchard Hill)找到一块25公顷大小的园地，取名为"延续"(Continuum)，用意不言而喻。新园当年就开始酿酒，并推出第一个年份，由赤霞珠、品丽珠及小维尔多葡萄混酿而成，其中赤霞珠占了七成五以上。就2005～2008这4个年份而论，成绩都甚佳，美国《酒观察家》杂志都给了93～95的高分，市价为130～140美元，和"第一号作品"相差不多。年产量约有1500箱(2万瓶上下)。延续酒的上市，足以聊慰罗伯特·蒙大维老先生的心怀！提摩太雄心勃勃，看到一出手就获得掌声，遂决定努力增产，目标是达到年产1万箱，也就是翻6倍。

提摩太的2005年份延续酒。

至于迈克·蒙大维，则似乎被老蒙大维"驱逐出境"了。据说老蒙大维对于大儿子主张卖掉酒庄十分不谅解，老人家的意思是必须保住老园，而其他扩张得来的领土，包括金母鸡"第一号作品"，都可以售让出去，以图东山再起，但终究拗不过年轻人及买主的决心。也正因此，延续酒庄的成立，唯独就少了迈克一人。

然而，迈克毕竟与老爸共同打拼了30年。迈克比老二提摩太大8岁，两人都是在家族拥有的查尔斯·克鲁格(Charles Krug)酒庄里长大的。1966年老爸自立门户开设罗伯特·蒙大维酒庄时,只有3个付薪员工,其中2个便是老蒙大维与迈克。迈克是和老爸共同打拼建立“蒙大维帝国”、立下不可取代之汗马功劳的第一功臣。

老蒙大维当然特别钟爱大儿子。但大儿子生性外向,具有生意人的企图心;小儿子提摩太生性内向、腼腆,反而具有艺术家的气质。两兄弟成长过程中勃豀时起,等到分掌园务决策时,决裂更是公开化。手心手背都是肉,老蒙大维费尽思量,却都无法让兄弟二人重归于好。老蒙大维在1998年出版的自传《喜悦的收获》(Harvests of Joy)里就提到二人的不合、老爸的痛心,以及如何尝试调和却徒劳无功。豪门果然内讧不断,等到大当家走了,家庭也注定崩坏,台湾本土版本的各种“豪门恩怨”不也是经常上演的一个剧目么?

既然蒙大维江山已失,我何不另立江山?迈克早在1998年就在纳帕谷附近一个名叫地图岭(Atlas Peak)的山丘买下了一个约有5公顷大的葡萄园。由丘名可知,此园区地势较高,可以俯瞰纳帕谷内密布的名园。迈克引用意大利文“土壤”(Animo,阿尼摩)作为这个新酒园的名字。

园内原本早已植有葡萄,2001年即出产第一个年份,但因口味不合迈克的要求而被全数放弃。一直到离开“蒙大维帝国”后,迈克才开始潜心酿制2005年份,而且不像延续酒那样由3种葡萄混成,土壤酒是由百分之百的赤霞珠葡萄酿成的。他将这个处女年份视为“出山”酒,把自己东山再起的机会完全赌在这款命名为“M”的酒上。

除了精选成熟的葡萄外,M酒的全部酒汁会在八成五全新的法国橡木桶中储藏达22个月之久,而后装瓶再醇化1年才上市。这种长期储放、以萃取橡木桶香气及增强酒体为目的的做法,显然是想要酿出重口味及可陈放30年以上的“大酒”。这款酒得到的评分也甚高,美国《酒观察家》杂志给了91分,稍逊延续酒。上市价为190美元,较延续酒高约1/3,理由

元代春讌賞花圖

迈克·蒙大维 2005 年份的 M 酒。背景为《元代春宴赏花图》(作者藏品)。1981 年 10 月底，我获得德国政府一小笔奖学金，想在即将到来的生日给自己添购一份礼物。途经慕尼黑大学旁一家专卖东方文物的小古董店，一眼就看到一个破旧的画轴，画上是几位古意盎然的高士在古松、牡丹花下赏宴。店主的先人曾于 20 世纪 20 年代在上海的德国领事馆工作，此幅老画即收购于当时战乱频仍的中国。我由牡丹、松树与人像的造型判断，此画的年代至少在明朝之前。且开像甚美，尤其牡丹有宋人之风，我爱不释手，遂下手购回。待回台湾后，曾请台北故宫博物院李霖灿副院长鉴定，确定为元人作品。这是我在德国当穷学生时最得意的一件收藏。

自然是因为产量甚少，年产量只有700箱，不到9000瓶，是延续酒的不到一半。2010年春末，我途经伦敦，抽空去了一下哈洛百货公司地下室的酒窖，眼前突然为之一亮：原来，3瓶一套的2005年份M酒与同年份的“第一号作品”并列，但价格前者每瓶为225英镑，后者仅为210英镑，在锱铢必较的伦敦酒市，显然M酒的售价已获肯定了！这款2005年份的处女作在2008年10月1日正式上市，可惜老蒙大维已于早半年前阖眼仙逝，看不到他所钟爱的儿子东山再起的杰作了！斯人而有斯憾也。

2008年岁末，当我和几位酒友提到罗伯特·蒙大维仙逝的往事时，正巧海陆洋行的洪兄收到3瓶2005年份M酒样品，有酒友也藏有同一年份的赤霞珠精选酒和“第一号作品”，我遂建议来一个新旧蒙大维3款品试会。1周后，果然让我们践履了这个约定。众所瞩目的M酒颜色比其他两款来得明亮，酒色泛紫偏红。尽管已经提前醒了3个钟头，但香气仍十分内敛，显然不应在10年内开瓶享用。酒友们大多认为在新的橡木桶中陈放22个月未免太久了！

口感方面，M酒入口有明显的青梅、焦糖、蜜饯味，但丹宁十分扎口，抵不上“第一号作品”来得细致、平衡，酸度也比“第一号作品”来得强烈。大家一致公认“第一号作品”较为柔顺与典雅，容易获得一般评酒客们的认同。但若是要谈具有特色，甚至未来发展的潜力和可能性，M酒恐怕有令人不可捉摸的优点。“第一号作品”近年来似乎随着名气的高涨与市场需求度的大增，却逐渐丧失其迷人的特色。或许我们可以这样说，“第一号作品”已经成为法国顶级酒的美国“山寨版”了！

至于罗伯特·蒙大维的赤霞珠精选酒，夹在两个新旧明星之间，是否黯淡失色了呢？果不其然，这款精选酒不论在酒体的强劲、均衡、香气还是典雅芬芳度方面，都较平凡。颜色稍有红棕带紫，青草味中仍有较强劲的酒精感觉。以加州顶级酒的标准而言不能算差，但就是少了那么一点突出的特色。

罗伯特·蒙大维的自传《喜悦的收获》。我在2000年夏季有一趟美国纳帕酒乡之行，在罗伯特·蒙大维酒庄买到此书。书中还收录了一篇由迈克叙述全球化的专论。迈克侃侃而谈，将酒庄前景寄托在全球化的布局上，好一幅动人心魄的辉煌远景，没想到5年后却形同镜花水月，真是白云苍狗！罗伯特·蒙大维在书中特别提到书名使用“收获”一词，乃受到纳帕的影响，因为“纳帕”一词在印第安语中的意思正是“收获”！

老蒙大维在他那本自传《喜悦的收获》中给书名立了一个副标题“我对卓越的热情”(My Passion for Excellence)。每一瓶美酒的诞生，都需要源自内心的热情来注入。从葡萄的栽种、采收、酿制到醇化，每个步骤都少不了庄主及所有制酒人追求卓越的热情。不管这热情是在迈向成功的道路上还是在失败后重新站起的过程中产生，都是形成美酒的灵魂。蒙大维酒厂老园当年红极一时的精选酒如今光芒渐失，当归咎于大集团入主后由“企管”取代“热情”所导致的后果！我特别感动于M酒的崛起，也想到我国诗句里面的“岁月新更又一春”，迈克应当可以重新谱写蒙大维传奇的第二篇章。至于本传奇的第三篇章——提摩太的延续酒情形如何？哪日待我先试试再说吧！◆

17

安第斯山奔白马

阿根廷酒的"四骏图"

一位学艺术的学界朋友约我到一家餐厅小聚。这家餐厅非常特别，老板是一位著名的大提琴家。这位爱好美食和美酒的音乐家，可以说是意大利著名歌剧作曲家罗西尼的翻版。每当厨房工作不忙时，他会为熟客拉上一两首曲子，以助酒兴。听到我正在欣赏马友友演奏的 Astor Piazzolla 的探戈乐曲，朋友告诉我那位店主经常演奏的曲目之一便是探戈。

我该携带哪一瓶酒与会呢？想到阿根廷素以骏马、牧牛、探戈三绝闻名于世，已有探戈及牛排了，于是毫不犹豫作了决定，带"两匹阿根廷骏马"赴宴：一匹是家学渊源的安第斯山白马（Chateau Cheval des Andes），另一匹是刚在阿根廷大草原上蹿起的"小马"——欧·傅尼尔酒庄（O. Fournier）的阿尔发南十字星（Alfa Crux）。

"第一匹骏马"是安第斯山白马。酒庄名字既然提到了"马"（Cheval），当然会令人怀疑是否与法国波尔多圣达美丽安区的首席酒庄白马堡（Château Cheval Blanc）有关。的确不错，此酒庄正是法国白马堡与阿根廷最大的酒庄之一——台阶酒庄（Terrazas）合作的产物。台阶酒庄是法国最大的香槟酒庄酩悦（Moët & Chandon）在1959年成立阿根廷分公司后所成立的新酒庄，位于阿根廷西部门多萨省。这里早在16世纪就有耶稣会教士引进了葡萄酒，但都只是当地居民的自用酒水平。第一次世界大战以后，陆陆续续移来的意大利移民带来了较先进的酿酒技术，并引进了各种欧洲种的葡萄。台阶酒庄成立后，开始以国际化的眼光，生产出可以角逐海外市场中价位以下的外销酒，紧跟在邻近的智利之后抢占智利的市场，打出了阿根廷酒的名气。

白马堡看到顶级酒庄跨洲设园可以带来丰厚的利润，于是开始进军拉丁美洲，并找上了同为法国产业的台阶酒庄。合作进行得很顺利，来自白马堡的酿酒师全程进驻酒庄。在台阶酒庄的酒园中，甚至能够找到1929年时种植的马尔贝克葡萄以及在战后栽种的赤霞珠葡萄。本款酒葡萄比例为马尔贝克及赤霞珠各占41%，其余18%为小维尔多。小维尔多的高比例，显示出本款酒具有较强的体质与口感（参见本书《交响乐中的“定音鼓”——难得一见的西班牙安达卢斯之纯小维尔多酒》一文）。最早试酿成功的是1999年份，但不上市外售。一直到2001年份，才开始通过波尔多的酒商试售；2002年份开始，才正式交由酩悦的全球渠道进行销售。

这款标志着白马堡进军安第斯山的作品，2002年份一上市，美国《酒观察家》杂志就给予92分的佳评；2004年份，英国《品醇客》给予五颗星的评价；2005年份则获得帕克94分的高分。一个酒庄甫一上市的几个年份都获得90多分的高分，已经奠定了成功的基础。而价钱不到100美元，对于顶级酒消费群而言，也在可接受的范围之内。该酒的年产量只有5000箱，共6万瓶。

新酒都会在全新的橡木桶内醇化一年半，装瓶后再醇化一年半才上市，因此必须3年后才能够与消费者见面，达到适饮期。台湾本来一直没有进口此酒，于是我趁着两年前夏天同属于跨国奢侈品集团LVMH的产业的法国白马堡和苏代区顶级的狄康堡（Château d'Yquem）的执行长陆腾（Pierre Lurton）来台湾举办狄康堡数年份垂直品尝会的机会，问他安第斯山白马何时会现身台湾。他告诉我，即将会

2003 年份的安第斯山白马，置于广东石湾陶笔筒“翠鸟石榴”之中，且立于内蒙古猛虎红毯之上。（作者藏品）

2003年份的阿尔发南十字星酒。

分配一些配额到台湾来。

终于，我从陆海公司洪耕书兄处品尝到了新进口的2003年份安第斯山白马。2003年份对该酒庄而言是一个痛苦的年份：焚风不时地过境，曾有19天气温高达33摄氏度以上，葡萄都晒干晒坏了，糖度过高也使得酒精度更高。酿酒师紧张地监控，把醇化时间延长将近一倍至5年才上市，所以没有送出此年份的酒去参加各种评比。

有了这种心理准备后，我们坦然地开瓶尝试。出乎意料的是，浆果的香气夹杂着干果、干燥花的香气，有明显的柠檬酸及蜜饯口感。颜色深红带紫，相当漂亮。这是一款丹宁中庸、果体结实的顶级酒，没想到马尔贝克这种有强劲口味的葡萄能和赤霞珠搭配，共同展现出如此协调的劲道。

白驹奔过，接下来的是来自欧·傅尼尔酒庄一匹跑得很快的“小马”——2002年份的阿尔发南十字星。

西班牙酿酒世家欧特加吉·傅尼尔家族原来在西班牙最重要的酒区斗罗河谷有个酒庄(1979年兴建)，其中的葡萄栽种于战后的1946年。也是看中了阿根廷土地与劳力便宜，语言隔阂也不存在，遂于2002年9月开始，在安第斯山脉靠海15千米处的门多萨省找到一个名叫拉孔苏塔(La Consulta)的小镇。这个小镇位于乌可山谷(Uco Valley)，早就已经葡萄园密布。该家族在这里购得一个286公顷大的酒园，其中89公顷为葡萄园，分成3块园区：圣索非亚园(Finca Santa Sofia)最大，有263公顷土地，其中74公顷为葡萄园，是整个酒庄的中心;另一个较小的叫圣曼纽园(Finca San Manuel),只有13公顷大,种有8公顷的葡萄园;最后是一个只有10公顷大、内有7公顷葡萄园的圣荷西园(Finca San Jose)。

园内葡萄种类以西班牙斗罗河区最常见的丹魄(Tempranillo)为最多,许多都已有35岁,另外也栽种了马尔贝克及其他所有波尔多种的葡萄。但毕竟新栽种的多,为了挑选最好的葡萄,酒园查访了170家酒庄,从中挑出12个优质酒庄,定下长期购买契约。同时,严格要求这些契约园必须按照园方的严格标准耕种及采收,每株葡萄树只能产1~1.5千克的葡萄,可以说是以最严苛的标准来要求。收购而来的葡萄,目前能提供每年需要量的七成。

本园决定走高端路线,推出的代表作为一军的阿尔发南十字星(Alfa Crux)以及二军的贝塔南十字星(Beta Crux)。列入阿尔发南十字星的酒,先在全新的法国与美国橡木桶(比例为8:2)中陈放达17个月之久,装瓶后再陈放1年;二军的贝塔南十字星则一半使用全新的橡木桶,另一半使用1年的旧桶,陈放1年后再混桶,装瓶后储存至少半年后才上市。

园方花了巨额经费建立了一个巨大的新酿酒厂房,光地下酒窖就可以储放2800个橡木桶,可以装上60万升各种材质的发酵槽以及恒温恒湿设备,可知业主的经济实力雄厚。除了酿酒设备外,业主也看准了酒庄旅游这一新兴行业,把酒庄打扮得像一个一流的休闲中心,成为整个酒区中最耀眼的观光重镇。园主显然也注意到了宣传的重要性,公关手法灵活,难怪本园产品一上市,佳评便如泉涌而至。

例如阿尔发南十字星系列中的"混酿",乃是以60%的丹魄葡萄、35%的马尔贝克葡萄及5%的梅乐葡萄所酿成,年产量有3300箱,约4万瓶。2002年份上市后,立刻一鸣惊人,被选为美国《酒观察家》杂志2006年的"世界百大葡萄酒"第86名,评了93分,美国上市的价钱为42美元。对初试啼声的酒厂而言,能够在全世界七八千个竞争者中进入百大,实属不易。英国最有名的《品醇客》杂志也给了四颗星的评价。而被公认为最难缠的英国女评酒师洁西·罗宾森(Jancis Robinson)也将此款酒列为2008年年底圣诞节饮用的“编辑建议”酒。这款酒在英国大受欢迎的另一个理由是“价廉”,一军的阿尔发南十字星酒在量贩店的售价是12英镑,二军的贝塔南十字星的“混酿”系列(以60%的丹魄葡萄、20%的马尔贝克葡萄及各10%的梅乐与西拉葡萄酿成)只售9.99英镑。

的确,这瓶流着“西班牙血液”的阿尔发南十字星相当突出,基本上以果味强劲取胜。深紫的色泽,咖啡、柑橘及淡淡的柠檬酸味,让这瓶酒充满了活力,颇有狂放不羁的架势,好似一匹奔放有力的小马。

餐厅老板演奏的探戈乐曲,三四分熟的牛排与两瓶安第斯山白马与小马,共同谱写出一曲听觉、味觉及嗅觉的感官三重奏,真可谓绝配!可惜,在金融危机的袭击下,这家可以算是台北最有气质的餐厅也已经在不久前吹起了熄灯号。我们在万般不舍之余,也只能够叹一口气,再为他们喊出一声(也是没有办法再实现的)“安可”(Encore,再来一个)!

除了安第斯山白马外,安第斯山下的阿根廷广大草原上还奔腾着另外“两匹骏马”。这“两匹马”已经获得国际酒市的肯定,容我一一道来。

“第一匹”为大卡莉亚(Grand Callia)酒。

要挑战欧美顶级酒,除了园区的地理环境要适合葡萄外,最保险的还得是引进老世界的葡萄品种,避免口味的曲高和寡。其他3个要求,便是资金、资金及资金。

阿根廷当地一家著名的企业集团在阿根廷中部的圣璜(San Juan)地区买下一大片园地,建立了卡莉亚酒庄。卡莉亚酒庄的成立至今不过10年,酿制了3款酒,普通酒是以当地消费市场为主,价廉量大。本园精心之作是大卡莉亚酒,2004年推出第一个年份,在2006年上市,总共只有不到2万瓶的产量。园主特地将绝大多数配额送到国外20个国家来接受品酒家的检验。

不久前,当我从台北一位影评家呼喜雨先生手上接过这一瓶2004年份酒时,感到十分沉重,据说光是这瓶酒的空瓶即重达1千克,是专门作为"陈年酒"之用。

这款酒由四成西拉葡萄,各两成的梅乐、马尔贝克以及当地的Tannat葡萄酿成。由于葡萄成熟时间不同,所以分别采收,并全部在全新的法国与美国橡木桶中醇化18个月后才混装,再陈放半年后才上市。由于这款酒以进军美国市场为导向,所以有帕克所一再提倡的"美国标准口味":糖度高,明显的糖果味以及黑浆果、樱桃等吸引人的口味。丹宁十分中和平均,酒体虽强但并不突兀。我本来以为这款酒一定要陈年超过10年后才堪饮用,没想到仅3年不到就已如此顺口,但我也绝对相信它轻易便可以陈上20年。

大卡莉亚一出道便一鸣惊人,但产量实在太少,酒迷退而求其次,看中了次于大卡莉亚的麦格纳(Magna)。它也是以西拉为主,但在全新的美国橡木桶中只醇化8个月,所以取其果味芬芳,把西拉稍带辛

大卡莉亚酒。

辣的风韵释放出来。2005年份的此酒在2007年5月底法国罗讷河地区举办的"世界西拉酒大赛"325个参赛者中勇夺第四名,可称"踢馆成功",帕克随即给了94分的高分。2006年份的大卡莉亚酒紧接着在2009年岁末又获得帕克95分的高分。它们在台北的市价都不超过30美元,是值得大力推荐的性价比高的好酒。

"第二匹名驹"为如假包换的"骏

马”——萨巴塔酒园（Catena Zapata）的尼古拉斯(Nicolas)。

近年来,世界各地的美酒界只要一提到阿根廷顶级酒，都不会错过10年前才上市的阿根廷“天王”酒庄萨巴塔酒园的旗舰酒尼古拉斯。

话说2006年夏天的某个夜晚,在台北远企饭店有一场2004年份顶级酒的蒙瓶品尝会,计有5款酒:法国波尔多欧布里昂堡(Haut-Brion)、美国“第一号作品”(Opus One)、澳洲彭福园707(Penfold's 707)、意大利萨西开亚(Sassicaia)以及尚未为台北品酒界所熟悉的阿根廷萨巴塔酒园的尼古拉斯酒。

萨巴塔酒园近景。

结果在全场40位品酒人士中，夺冠的是和我一同前来的贺鸣玉兄,只猜错了一款。尼古拉斯居然可以“蒙过”其他4款世界公认的顶级酒!

这次品酒会让台北品酒界大为震惊,尼古拉斯一战成名。现场的订单可以用“纷如雨下”来形容。不久后,我有机会和来访的萨巴塔酒园园主尼古拉斯·卡提那(Nicolas Catena)博士共进晚餐。这位拥有经济学博士头衔、曾任教于美国加州大学、风度翩翩的园主,其祖父在百年前的1902年就建立了此家族酒园。1963年,尼古拉斯博士开始接掌园务。1982年，尼古拉斯博士受邀在加州大学讲学时参观了加州的纳帕(Napa)酒区,大惊之下反思道:“我的天,为什么阿根廷的酒园不能如此?”尼古拉斯酒园的传奇便从此诞生。

尼古拉斯酒中赤霞珠葡萄占了八成以上，其余为马尔贝克。1997年酿制了第一个年份。随后在阿根廷举办的许多场蒙瓶品酒会上，都击败波尔多或加州的顶级酒，俨然成为"阿根廷第一红"。甚至有不少酒评家也称此酒已超越日趋平凡的智利"四大天王"，成为"南美洲第一红"。目前年产约4万瓶。

在2006年夏天的品酒会后，我陆续喝到2004年份及2005年份的尼古拉斯。它的确有波尔多五大酒庄的架势，尤其是和拉图堡极为近似，也容易和"第一号作品"相混淆。但是它那股少年老成的韵味，以及毫不生涩与做作的香气，令人回味无穷。

每当我想到尼古拉斯酒，都不免回想起这位老博士那次见到我时的热情。他告诉我："我们都是来自学术圈，一定了解'梦想'的真谛。"我当时曾经回答他，我真羡慕他能毅然抛弃学术生涯而追求酿酒之梦的勇气，让一个人的人生实现了"前后两个梦"。他同时实现了两个梦，而我呢？最多也只能实现一个梦而已。我记得老博士听后，立刻报以大笑，并给了我一个热情的拥抱！◆

2005年份萨巴塔酒园的尼古拉斯酒。

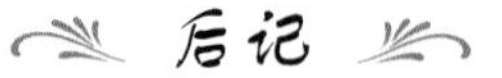

后记

智利“四剑客”酒庄的心动佳酿

本书在整理付梓前，我了解到安第斯山所奔的“白马”其实是“赤马”，因为都是红酒。真正的“白马”是在安第斯山的山脚下，位于智利境内。其中新蹿出一匹“白马之王”，是我不久前拜访法国波尔多顶级酒酒庄柯斯·德图耐拉堡（Château Cos d'Estournel）时收到园主转交的一瓶“阳光中的阳光”（SOL de SOL）。在霞多丽白酒日益响起名声的智利酒市中，这一款无疑是如日中天的“白酒王”。

阿基坦尼亚酒庄的“四剑客”。

这款酒也是在10年前欧美各个一流酒庄流行“跨洲合作”下的产物。当时，法国有三位雄心勃勃、来历不凡的人士来到智利的心脏地带——安第斯山山脚下的麦波谷（Maipo Valley）。三位人士中的第一位是普那斯（Bruno Prats），乃柯斯·德图耐拉堡的庄主，掌管该园达30年之久；第二位是彭大立（Paul Pontallier），名气更响，乃玛歌堡（Château Margaux）的总经理；第三位为香槟大厂伯兰洁（Bollinger）的总经理德·梦高飞（G. de Montgolfier）。1990年，他们在此处靠近圣地亚哥南方不远之处买了一块将近20公顷的园地，里面已栽种了一些波尔多种的葡萄。3年后，酒庄兴建完成。由于三人来自法国，特别是来自波尔多，于是就把罗马帝国称呼

波尔多的名字"阿基坦尼亚"(Aquitania)移到这里，称为阿基坦尼亚酒庄(Viña Aquitania)。

阿基坦尼亚酒庄成立后，在往南600千米处一个名叫马内可(Malleco)的山谷里找到一个18公顷大的园区，开始种植霞多丽。这里属于智利最南端的葡萄产区，刚好在南纬38度，和北纬38度正好隔了半个地球之远。

这三位怀抱理想来智利进行开垦的酒界名人有自己的一套酿酒哲学：尽量自然。尽管这片土地极为贫瘠，但有排水优良、日照充足的好处，所以他们采取少浇水、不施肥的方法，让葡萄树的根部尽量向地层发展，以自行吸收地下的养分与水分。在智利著名的酿酒师德·索弥尼哈(F. de Solminihac)的监督下，本庄取名"阳光中的阳光"的霞多丽酒很快便获得了国际的回响。例如2003年份的阳光酒，美国《酒观察家》杂志(2006年5月15日出版)评了90分，这是所有智利霞多丽酒中最高的评分。我查了一下，在台湾市面上最受欢迎的优质且性价比高的智利霞多丽酒，例如蒙特酒庄(Viña Montes)的阿尔法级获得87分，最老牌的Viña Errãzuriz则为88分。至于后文提到的阿麦娜(Amayna)霞多丽，则不在评比范围内。阳光酒年产2000箱，不到3万瓶。美国

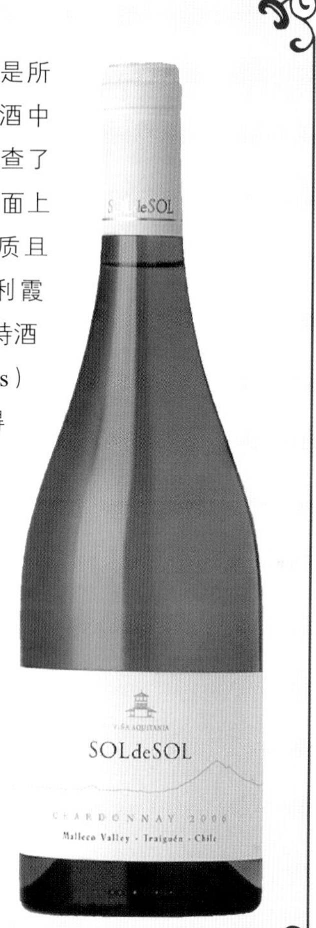

2006年份的阳光酒。

市价为30美元，比起类似分数的加州顶级霞多丽酒，只不过是其价钱的二到三成。

我品试这款2006年份的阳光酒，刚开始以为是波尔多南部格拉夫(Grave)区的白酒，有清淡的长相思(Sauvignon Blanc)的味道。待酒温稍高后，霞多丽特有的香味才散发出来。这是一款属于轻型甘洌、花香胜过果香、摒弃橡木桶与肥美感的"爽口型"酒，绝对是兼具"新世界"与"老世界"优点的美酒。

我很高兴地得知，今年秋天这款被他们自称为"四剑客"酒庄酿制的阳光酒，以及两款赤霞珠红酒，都会登陆台湾，台湾的酒客们可以有幸品尝到这3款价格合宜的心动佳酿了。阳光酒在全亚洲的配额只有3000瓶，且只销售3个地区(中国台湾及大陆、日本)，台湾省的配额仅1/10(300瓶)，价钱应当在2000元新台币之下。

〔艺术与美酒〕

《终南道士倚醉图》：这是岭南国画大师欧豪年的大作。图中钟馗倚酒坛鼾眠，笔法生动，意境高雅，堪称杰作。

18

引我入美酒世界的“敲门酒”

900岁历史的德国约翰山堡酒园

“法国红、德国白”是欧洲葡萄酒界的一句老话。“法国红”指的是法国产酿第一流的红酒,不论是出自波尔多、勃艮第还是罗讷河谷,早已是欧洲品酒界的宠儿。而“德国白”则是指德国莱茵河的白葡萄酒,特别是带甜味的优质酒。在20世纪中叶以后,欧美因为健康因素兴起红酒热,排斥会令人发胖的甜白酒,“德国白”的声势急速下降,使得在1个世纪前伦敦高级餐厅中任何一瓶德国优质酒的价钱都可以和顶级的“法国红”相提并论的往事成为“白头宫女话旧”的憾事。

但物极必反。在千禧年前后,欧美医学界发现酿造“莱茵白”的雷司令葡萄所含有的热量及其天然的酸性不仅不会增肥,反而有助于体内循环。并且随着地球变暖日益严重,一瓶冰凉的“莱茵白”更能敲开酒客的味蕾,不到10度的酒精度更有利于健康。于是悄悄地,“德国白”又一箱一箱地被搬进了美酒收藏家的酒窖之中。

提到“莱茵白”,一定不能够忘掉其代表作——迟摘酒(Spätlese)。迟摘酒是德国葡萄酒的法定品级规定中历史最悠久的,也可以说是德国酒的代表作。顾名思义,迟摘酒是用极晚采收的葡萄酿成的酒。在德国,地处偏北的莱茵河谷在每年9月底葡萄已经成熟;10月,严寒的北风随时会降临,因此大多数葡萄园都会在此时采收

夏天，德国最有名的酒园约翰山堡酒庄游客如织。

完毕。但是如果葡萄再迟一至两周才采收，那时葡萄叶已完全变成金黄偏褐色，果实也熟透了，色彩接近透明，糖度会再增加1/4左右，产酿出的葡萄酒自然果味更为浓郁、芬芳与浓稠。由于生产迟摘酒有“赌天气”的成分，所以一般的德国酒农只会选择部分园区酿制，不会全盘赌进酿制这种“天气酒”，因此德国迟摘酒的数量并不会太多。

德国有完善的葡萄酒法令，严格规范了各种顶级葡萄酒的天然含糖指数，成熟葡萄的榨汁会用一种名为“奥斯勒”(Oechsle)的测量计来测量。这是由一位名叫奥斯勒的仪器专家所设计，用来检测成熟葡萄汁中的含糖量。以酿制一般佐餐酒的葡萄汁为例，仅需葡萄生长到44～50度即可采收酿制，迟摘级就必须为76～90度，精选级为83～100度，冰酒及逐粒精选级为110～128度，德国最高等级的枯萄精选则必须为150度以上。德国最高等级的枯萄精选，例如著名的罗伯特·威尔园1992年份的枯萄精选（被评为满分），其糖度便高达255度。因此，德国每个酒园在酿造各种顶级酒时，都必须附上这个糖度的证明，才可以在标签上注明等级进行销售。

德国迟摘酒的产生也有一个脍炙人口的故事。在莱茵河中段的莱茵高（Rheingau）地区，有一个著名的约翰山堡酒园（Schloss Johannisberg）。这个最近才庆祝了诞生900年的老酒园，是德国最早种植雷司令葡萄的酒园，其明确种植历史至今已有280年之久。莱茵高地区许多酒园的雷司令葡萄都是由此园分植出去的。迟摘酒也诞生自本园。我曾在拙著《稀世珍酿》中叙述过它的诞生过程，在此不妨重述一次：

话说在1775年，本园由当地一位枢机主教富达伯爵所拥有。这位大主教如同当时的权贵一样，将酒园视为炫耀的本钱，所以对酒园的一切运作都亲自裁决，包括葡萄的采收日期，也要大主教亲自决定。事情发生在1775年的秋天，正在外地的大主教，差遣信使回到本园通知采收。结果，信使在途中病倒。当时的社会等级森严，酒园的小僧侣也不敢妄自决定采收。等信使病愈后快马加鞭赶回本园时，葡萄都已熟透。为了不使当年收成落空，僧侣们决定仍然采收酿酒。当这批过熟且不少都已感染霉菌的葡萄在次年4月10日酿成酒时，反而出奇地美味。自此以后，迟摘酒便正式成为“莱茵白”的代表作。

迟摘酒是最好的白酒入门酒。白酒异于红酒之处，在于其酒精度低、芬芳的果味、轻盈的果体，以及具有引人津液的果酸。而德国的迟摘酒，具有天然的蜂蜜与果酱的甜味，没有吓人的干涩。以我个人近30年的经验，除非对甜味有“自然拒绝”者外，不论是否喜欢喝酒，任何人只要品尝到迟摘酒，几乎没有不加以赞赏的，特别是酒量浅者及女士们，所以这是款引人一窥美酒世界最好的“领航”酒。

我对于本园迟摘酒有一份特殊的感情，这段“情缘”我已写在拙著《稀世珍酿》的序言中，我很愿意再回顾一次：当我在1979年抵达德国读书后不久，第一次品尝德国酒的那一瞬间，我已被本园迟摘酒给俘虏了！

德国这种果香浓厚的白酒，一般酒精度很低，约在8～9度之间，这是使用“掺果汁法”之故。一般葡萄汁在发酵时会将糖分转化成酒精。到了酒精度约为15度时，糖分会全部转化成酒精，形成完全不甜的酒。德国酒农于是将同等级新榨葡萄汁酌量加入，自然稀释了酒精度，加强了糖度及芬芳。我曾有次在莱茵河畔的绿德斯汗(Rüdesheim)产区的一个酒庄品尝到准备掺入精选级酒的葡萄汁，没想到在约有1000升的水泥槽中自然冰镇一夜后的“精选级葡萄汁”是如此甜美似蜜，我们每人都立刻狂饮了半升之多。

迟到的信使雕像就竖立在酒庄的入口之处。

迟摘酒本来是甜味的，但亦有许多迟摘酒及精选级是不甜的“干”型。正式的德国餐厅是以各式干型的甜白酒作为佐餐用酒的。一般的德国人也偏好此种酒，甜型迟摘酒反而变成了外销的主力。迟摘干酒有较强与浓缩集中的干果香及酸度，佐配德国酸菜猪脚以及偏咸的德国菜，倒是不错的选择！

当然，当我们读到约翰山堡酒园这种“发现”迟摘酒的轶事时，心中不免有所怀疑：人类在埃及时代就已懂得酿造葡萄酒，难道在人类发展漫长的3000年当中，会没有任何酒农尝试将过熟以及长霉菌而腐烂的葡萄用来酿酒？尤其是在以前科学不发达的时代，农民生活困苦，懂得物力维艰，岂会不珍惜这串串来之不易的葡萄？我个人的推想，答案一定是肯定的。但是，约翰山堡传奇如同所有的传奇故事一样，都有运气的成分在内。按理说，健康的葡萄才能酿造出健康的葡萄酒，不会变质，没有异味。葡萄过熟会吸引蚊虫，带来引起腐败的细菌。葡萄感染了霉菌，也几乎注定只有被抛弃一途。唯有感染到一种特殊且稀少的宝霉菌（也称贵腐菌），才有可能让这批腐朽之物化为神奇。我推想，当年约翰山堡园的这批迟摘葡萄，便是"交到好运"的葡萄——在延误采收的期间，没有遭逢梅雨，葡萄健康地过熟，并沾染了宝霉菌。可惜当年这个意外来得突然，没有任何资料来探讨为何这个意外可以产生，所以我个人的推测恐怕也只是靠着个人的常识吧。

约翰山堡不仅发明了迟摘酒，另外还出产德国法定仅次于迟摘一级的"私房酒"（Kabinett），酒界往往简称为"K级酒"。一般德国人也不知为何使用此用语。Kabinett本为英文Cabinet之意，即"小房间"或"私房"。德国在16～17世纪开始使用该词，在酒的领域最早出现的也正是约翰山堡。约翰山堡最早使用英文的Cabinet，意即该

约翰山堡也酿制最高等级的枯葡精选酒，但每10年中只有两三年生产。

堡较为优质且仅供自用之酒，而后开始转变成德文的Kabinett。所以我遂将此款酒翻译成"私房酒"，如同私房菜一样，具有与一般酒菜不同的质量。

一般德国人也颇嗜此款酒，因其果香、甜度中庸，宜作佐餐酒。促成德国统一的前总理科尔（Helmut Kohl）是位美食家，据传他在家中最常饮用的便是好酒庄的私房酒！

随着德国迟摘酒的成功，现在各国只要有酿制甜白酒者，特别是雷司令白酒者，都会尝试酿制迟摘酒，但是美国或澳洲的迟摘酒（Late Harvest）和德国的不同。德国的葡萄酒法令已经将迟摘酒仅限于

拥有百万瓶储藏量，且在1721年就已完工的地下酒窖。右边可见一个有300年以上历史的葡萄酒守护神乌班的石像。

真正的“迟摘”，至于感染霉菌的葡萄，视其程度分为较轻的BA（逐粒精选）及最严重的TBA（枯萄精选）。Late Harvest则一般都是混合了迟摘与感染霉菌的葡萄，所以单就果味的浓郁度而言，有时反而超越了德国的迟摘酒。

最近10年来，一些德国顶级酒庄也发觉到了不少外国版的迟摘酒已经在果味浓稠与芬芳度上超过正宗德国版的迟摘酒，甚至威胁到高一等级的“精选级”（Aulese），其中的原因便是外国版的迟摘酒掺入了宝霉葡萄！于是不少德国酒庄也打破成规：第一步，将宝霉葡萄酌量加入精选葡萄中，特别是当一串葡萄仅少量长有霉菌或整个酒园的宝霉葡萄产能不足以酿出相当数量的逐粒精选级时，干脆全部用做酿制粗选之用，例如顶级酒庄弗利兹·哈格园（Fritz Haag）的精选级酒就有三成以上的宝霉葡萄，难怪其被评为德国第一等的精选酒。第二步，将迟摘酒改头换面。迟摘酒本是天然甜味，但酒庄将糖味减弱，让酒体变得轻盈，反而趋向半甜的香槟口感，约翰山堡酒园的迟摘酒是这种典型“新潮德国酒”的代表。

我以前每次赴香港探望家姊时，家姊总会带我到香港岛上环皇后大道西的尚兴潮州饭店吃台湾难得一见的家乡菜。我照例都会携上一瓶本园迟摘酒。只要点一小碗浓稠至极的潮州鱼翅，外加一小碟卤鹅片及一盘清炒薄壳（一种状如拇指、薄壳的海蚬），佐搭上冰镇至8～10摄氏度的迟摘酒，即使王母娘娘的西池仙宴再美味，恐怕也不过如此！

因为发明迟摘酒而成为德国最有名

Schloss Johannisberger Weingüter

WINETASTING

presented - August 18th 2003

2002
Schloss Johannisberger Riesling
Gelblack – Qualitätswein
estate bottled - Domaine Schloss Johannisberg

2002
Schloss Johannisberger Riesling
Rotlack – Kabinett
estate bottled - Domaine Schloss Johannisberg

2001
Schloss Johannisberger Riesling
Grünlack – Spätlese
estate bottled - Domaine Schloss Johannisberg

2002
Schloss Johannisberger Riesling
Rosalack – Auslese
estate bottled - Domaine Schloss Johannisberg

2001
Schloss Johannisberger Riesling
Blaulack – Eiswein
estate bottled - Domaine Schloss Johannisberg

1999
Schloss Johannisberger Riesling
Rosa-Goldlack – Beerenauslese
estate bottled - Domaine Schloss Johannisberg

WIR SIND MITGLIED IM VERBAND DEUTSCHER PRÄDIKATSWEINGÜTER

Schloss Johannisberger Weingüterverwaltung
Weinbau-Domäne Schloss Johannisberg · Weingut G.H. von Mumm · 65366 Geisenheim-Johannisberg
Telefon: 06722/70090 · Telefax: 06722/700933 · E-Mail: info@schloss-johannisberg.de
Internet: www.schloss-johannisberg.de · Bankverbindung: Rheingauer Volksbank · Geisenheim · BLZ 51091500 · Konto 6051367

本书作者在 2003 年 8 月 18 日造访该园时的酒单，可看出德国人做事的精细。

酒庄的约翰山堡园，目前已成为“德国白”的“麦加圣地”。每年夏天一到，每天都会涌入成百上千的观光客。除了徜徉莱茵河的山光水色、品赏与购买本园各式佳酿外，还可以参观收藏量达75万升，也就是接近100万瓶的地下酒窖。犹记得2003年8月18日，正在此地探亲的谢荣堂博士开车陪我造访了这个蜿蜒250米长的酒窖。脚踏着碎石的步道，迎面而来的是阵阵带着浅浅芬芳和明显酸味的“窖气”。一般游客需付二三十欧元的参观费，而后可以免费品尝几杯本园的基本酒款。但蒙德国酒界最有影响力的《德国葡萄酒导览》主编阿敏·达尔(Armin Dahl)的热烈推介，酒园经理史莱尔(W. Schleicher)很隆重地为我准备了一个小品酒会，共有6瓶各式美酒。事后我把这份酒单带回台湾珍藏，每当我开一瓶约翰山堡的美酒时，都会把这份酒单拿出来看一看。记得当时史莱尔先生曾经很客气地告诉我，我这份酒单和前一两年来访的俄罗斯总统普京及英国女王伊丽莎白所品尝的完全一样，我的心里当然又会产生一丝甜味。谁说德国人是冷酷、不近人情的民族？我在约翰山堡便遇到了这份对于品酒同好者来说最诚挚的友谊。◆

前酒窖经理史莱尔先生正在检查藏酒。欧洲的老酒窖都用水泥砌成储酒柜，可以防蛀及防止腐烂(图片由酒厂提供)。

19

也是信差成就的名酒

意大利的"三有"白酒

不让德国莱茵河畔约翰山堡的信差因意外延误而发明了迟摘美酒专美于前，意大利也有类似由信差成就的美酒，这便是著名的孟特费阿司可(Montefiascone)的"有！有！！有！！！"(Est！Est！！Est！！！)白酒。

意大利是全世界产酿葡萄酒最有名的国家之一，国民饮酒的传统已有3000年之久。好酒的风气自然也感染到了神职人员。大约在稍早于德国约翰山堡传奇发生之时，欧洲还在被日耳曼人所建立的神圣罗马帝国所统治。有一次，神圣罗马帝国的皇帝海因利希五世(Heinrich V)要从德国去罗马。这位爱好美食与美酒的皇帝差遣一位近臣先行探路，一方面昭告地方官准备接驾，另一方面则是寻找当地能提供最好酒食的饭馆，一旦找到中意的餐厅，便在显著的地方用白漆写上一个拉丁文"Est"(有)。当海因利希五世一行人抵达离罗马北方不远的维泰博省(Viterbo)的孟特费阿司可山区小镇时，赫然发现信差留下了三个"有"字。皇帝半信半疑地品尝了当地的白酒，龙心大悦，命令不得拭去这三个白漆字。以后这地区的白酒便被称为"孟特费阿司可的有！有！！有！！！"，简称"三有"，而且要分别写上1至3个惊叹号，以"忠于史实"。

这大概是意大利葡萄酒中最有名的典故。孟特费阿司可地处罗马北部边陲的拉奇奥(Lazio)地区。如同所有大城市的郊外平原是提供城市居民主、副食品的基地一样，拉奇奥省也成为罗马市这个帝国大城的面包及日用酒的主要来源地。由于气候炎热，本地葡萄酒超过八成五是白酒。但是这些白酒都属于居民饮用的日用酒，还跨不进顶级酒的门槛，这也是拜意大利人的酿酒哲学所赐。

法国在1997年取代意大利，成为世界最大的酿酒国。虽然同属浪漫的拉丁民族，这两个国家在对待葡萄酒的态度上却截然不同。比起意大利人，法国人显得更现实、傲慢及虚荣。因为要维持这种浮华及骄傲的民族性，法国人不甘于过着乐天知命、潇洒随便的日子，所以强调品牌、创造品牌的心态笼罩着法国各个行业，当然也贯彻在酒业之中。法国酒农及酒商都晓得一瓶顶级酒的获利可以高过几箱甚至几十箱普通酒，所以法国酒经过两三百年精益求精的发展，成为昂贵酒的主要来源。

相反，从北到南几乎没有一个地区不产葡萄酒，没有一个橄榄树园或果园中没有爬满葡萄枝蔓的意大利，却把葡萄酒视同日常用酒。由于种葡萄与酿酒的历史太长了，每个地区的葡萄品种及酿酒方法都有差别，因此形成今日意大利葡萄酒品种、口味、谱系等百花齐放的现象，且普遍都是以廉价酒为主。

以受到皇帝青睐的“三有”白酒而言，这款由当地两种土生葡萄 Trebbiano 及 Malvasia 所酿造出来的酒，便是属于清爽、低酒精度的佐餐酒。

记得我以前在德国慕尼黑大学读书时，偶尔会去意大利餐馆打牙祭，最常点用的红酒当然是托斯卡纳的香蒂(Chianti)，白酒则是罗马市民几乎家家户户每餐必备的弗拉斯卡蒂(Frascati)以及这款“三有”酒。当年对此款酒只留下了标准的“云淡风轻”的印象。

在台湾,近几年虽也涌进了许多世界级名酒,但这款廉价却大名鼎鼎的“三有”酒却一直无缘遇上伯乐酒商。直到去年春天,我才在日本再度重逢这位“老朋友”。那是在一年一度的樱花祭过后不久,我因公赴名古屋大学拜访法学院的鲇京正训、市桥克哉及宇田川三位教授老友。办完正事后,有位老友吴兄因曾在古都奈良以北10千米左右的天理市读过几年大学,想旧地重游,便邀我同去住上两日。这个人口只有不到几万人的小镇,有一个很大的天理教总本寺以及一所中等规模的天理大学。可能是由于外来人口少,小镇仍然保留着极为淳朴的民风,居民几乎夜不闭户。家家门口放置的脚踏车很少有上锁的,其他鞋类雨伞等即使没有移到户内,也不见有偷窃者。这让我回想起在20世纪50年代,我曾在新竹乡下的湖口度过了13年的童年时光,以及那个同样淳朴、

柔宁酒厂出产的2004年份“三有”酒。这个位于威尼斯附近的大型酒厂出产各式的红、白酒,价格平实,应只在500元新台币上下。

人人守法、安本分的平和社会。

那天晚上,一位在当地大学留学近10年的友人带我到一家小馆小酌。这个隐身在住宅区巷弄内的小烧烤店取了一个英文名字“Reverse”(翻一面),与周遭的全日式老住宅相较不无突兀之感。在这个仅有

五六张小桌子的餐馆内，我见到一位年近50、头上扎着一方红色海盗帽的厨师，正专心在炭炉上翻转着一串串鸡肉、鸡肝与鸡肾串烧，这就是老板田边太平。这位田边先生本来是大阪市颇有名气的西洋音乐DJ，后来爱上天理市附近特产的草鸡(日本人称之为地鸡)——大和鸡的滋味，索性辞职，开起了串烧店。店内播放着老板最喜欢的爵士乐。小店只卖串烧一味，且每串只索价250日元，在高物价的日本，算是相当合理的价位。田边老板只提供威士忌及白葡萄酒单，而非一般烧烤店流行的日本清酒，好一个“反其道而行”！这位DJ用翻唱片的用语“Reverse”来取店名“翻一面”，真是别出心裁！

我翻开酒单一看，立刻发现了久违的“三有”酒，我当然不会与它失之交臂。这瓶2004年份柔宁(Zonin)酒厂出产的“三有”酒，有着淡绿偏黄的色泽，入口微酸，但回甘十分洁净，一点都不夺味。串烧虽然标榜是日本的“国宝鸡”，但来自吃鸡肉十分在行的台湾省的我却觉得滋味不过尔尔，台湾南北任何一家土鸡城或台菜馆内的土鸡，甚至放山鸡的肉质、口感都绝不比之逊色。剩下来的便是佐餐的“情趣”(氛围)吧，绝对的敬业，绝对的干净卫生，配上那么好的意大利佐餐美酒，以及令人久听不厌的爵士老歌，这家串烧店的确与众不同，这大概就是所谓的“格调”吧！

回到“三有”酒的滋味上来。既然此酒只是以清新、甘洌为特色，为何能得到皇帝及其信差的赞誉呢？我个人的解读，大

柔宁也出产顶级的贝伦加里欧（Berengario）红酒。由外来的赤霞珠及梅乐葡萄所酿造，并会在全新的橡木桶中醇化1年，因此可以获得强劲的酒体及丰富的果味，这也是仿效法国波尔多的新潮意大利酒的做法。

概是因为当时是盛夏时节，皇帝与侍臣翻越阿尔卑斯山，渡过意大利北部的群山河谷，来到了孟特费阿司可时，难免舟车劳顿，人人口干舌燥。此时，来上一杯冰凉的清爽白酒，岂不令人心旷神怡？“三有”酒获得盛名，也是机缘巧合罢了。不过，人生的起伏不也往往系于机缘吗？透过“三有”酒无远弗届的轶事流传，可以让更多的人知道这款人人喝得起的美酒，我们岂不应该感谢那些历代传颂这则轶事的老前辈们？

“三有”酒是标准的“走入寻常百姓家”的好酒，可惜台湾似乎仍然缘悭一面。希望哪位酒商能早日进口此款酒，台湾常年的“赤日炎炎”正好为此酒做促销！◆

〔艺术与美酒〕

小童与葡萄：可爱的小童抱着满串的葡萄。这是奥地利陶艺家波瓦尼（Michael Powolny）在1907年创作的作品，由维也纳陶艺场烧制而成。这种典型的新艺术风格在当时十分流行，价格也不贵，是一般家庭的装饰品。现藏于德国卡尔斯鲁尔博物馆。

20

罗曼蒂克大道的明珠酒园

侯斯特·绍尔园及米勒-土高葡萄酒

要论德国最美的一条观光路线，不少人会想到莱茵河之旅。不错，蜿蜒在葡萄山坡下的莱茵河，配衬着座座荒废的古堡，的确能令人发思古之幽情。但是，要让游人能够眼看得到、手摸得到来自中世纪的建筑及文化遗产，那就非得走一趟罗曼蒂克大道不可了。

这条由莱茵河支流美因兹河（Mainz）旁的中古时代小城乌兹堡（Würzburg）向南延伸350千米，直到阿尔卑斯山脚下的福森（Fussen）的路线，保留着1000年来所建起的无数的宫殿、教堂与民宅，是联合国评定的“建筑博物馆”类世界文化遗产。一趟罗曼蒂克之旅，会让你回想起德国大文豪赫尔曼·黑塞（Hermann Hesse）笔下的奇妙世界。

风景令人如痴如醉的乌兹堡正是罗曼蒂克大道的起点，也是法兰根酒区的重镇。来到法兰根酒区，最值得美酒人士重视的，是米勒-土高（Müller-Thurgau）及西万尼（Silvaner）两种葡萄酒。这两款酒不仅中国的爱酒人士感到陌生，甚至在德国以外的其他地方也不容易有机会品尝得到。

话说全世界共有2000多种葡萄，但是适合酿酒的葡萄不过百来种。德国共有20种葡萄，其中绝大多数是白葡萄。德国的葡萄种类中种植比例最高的是雷司令（Riesling），2006年的统计数据为2万公顷；第二位是米勒-土高，为 15000 公顷；第三位为西万尼，为 5000 公顷。

雷司令是德国最有名的葡萄，在世界各地都有移植，但是德国雷司令酒却几乎没有办法被各国复制成功。以澳洲为例，离悉尼不远的猎人谷（Hunter Valley）酒区便有不少德国移民。这些德国移民把家乡的雷司令葡萄种苗及酿酒技术原封不动搬到此区，但仍酿不出地道德国风味的雷司令酒。

雷司令葡萄的起源很早，早在 1410 年的文献中就已经提到了这种葡萄。据传这是一种野生葡萄，后来在罗马时代才变为供种植的葡萄。雷司令是一种果小而圆、皮薄、汁多、色泽淡绿的娇嫩品种，需要温暖的气候，生长期长，所以常在 10 月底才会成熟。但是那时寒风已至，带来的潮湿气息常常摧毁果实。据考证，雷司令的名称也来自说明葡萄在开花时遭到恶劣的严寒与潮湿的天气会"结不出果"（Verriesel）的类似发音。

米勒-土高葡萄的发明者——米勒教授（取自德国盖森海姆酿酒学院档案）。

也因此，德国的葡萄酒农为了配合气候（最好每年要有 100 天的日照）、土壤、排水度……要挑出能够早熟、耐得住严寒，特别是产果量要高的葡萄品种。在过去，由于科技不发达，只能靠传统树种与经验。后来，靠着科技的发展，德国的农业专家研究出了许多新品种，改变了德国葡萄酒的命运。目前，德国有超过 180 种的葡萄新品种，这是世界上其他各国所无法望其项背的。

最值得一提的是米勒-土高的发明人——瑞士的农业专家米勒（Herman Müller）教授。1850 年出生的米勒，年轻时来到乌兹堡大学攻读博士。1876 年，这位年轻的博士被征召到莱茵河的 Rüdesheim 边新成立的盖森海姆(Geisenheim)酿酒学院担任院长，并继续研究葡萄品种。他将当时德国最流行的品种西万尼、鲁兰德(Ruländer)与雷司令交配繁殖，经过许多年的反复实验，终于在1882年研究出编号为58号的新品种。9年后的1891年，米勒教授返回瑞士。在行囊中，他带了几个试管，里面装有一些样本，包括了这个编号为58号的样本，打算拿回瑞士继续观察研究。但回国后米勒教授就没空再研究了，于是把这批样本转交给一位名叫谢伦堡(Schellenberg)的园艺专家继续进行研究。经过一阵子的反复交叉繁殖，谢伦堡研发出一种产量甚大(比雷司令多1/3甚至1/2)、酸度远较雷司令低、果味颇为芬芳但又可以提早一个月左右采收的新品种，并于1925年正式引进到德国。新品种在法兰根试种后，立刻受到德国酒农的欢迎。由于米勒教授出生于瑞士的土高省，德国酒农便称这种新葡萄为“米勒-土高”。至于到底这个新品种是否完全出自第58号样本，已不可考证了，因为谢伦堡没留下任何资料。德国酒界也称米勒-土高为“罗恩格林葡萄”(Lohengrin trauben)。这是取材自德国浪漫主义大音乐家理查德·瓦格纳(Richard Wagner)的著名歌剧《罗恩格林》。神秘的天鹅骑士罗恩格林不能被问到他的来处，而剧中女主角——新婚的公主受到奸人的怂恿，逼迫新婚丈夫说出其来历，以证明其忠诚爱意，罗恩格林说出后即飘然远去。所以这种葡萄被冠以浪漫的“罗恩格林葡萄”之名，其实便是“来历不清葡萄”的代名词！

米勒-土高酒在德国本来是低价位的佐餐酒，因为在9月底天气还不冷，无法酿造冰酒，甚至宝霉菌也不易感染，所以没有办法制作高价位酒。但不少酒庄看中了这种葡萄对土壤不挑剔及颇能抗病的特点，特别是在“二战”后的20世纪70年代，德国经济复苏，酒的需求量大增，于是各酒区便纷纷改种这种葡萄。量变，质也跟着改变，不过却是朝着好的方向改变。现在由米勒-土高酿制的各种顶级酒都已出现在市面上，特别是在法兰根酒区。

说完了法兰根葡萄两大宠儿之一的米勒-土高，现在要讲另一个宠儿——西万尼了。西万尼和雷司令很接近，常被认为是雷司令的衍生种。西万尼的成熟较米勒-土高晚1～2周，但较雷司令早2～3周采收。不要看只差这两三周，凭着这个宝贵的"黄金两周"，就可使一年的收成避开10月底的恶劣气候。在雷司令不适宜种植的地方，西万尼便可以取而代之。

西万尼的香气浓厚，产量也较大，酸度相对较低，因此酿出的酒极为和顺，有德国"葡萄皇后"之称，而有"葡萄国王"之称的则为雷司令。1665年德国的文献上首次出现了西万尼的名字，比雷司令晚了250年之久。

按照2011年的最新统计，法兰根酒区总共有6154公顷葡萄园，其中80%为白葡萄，20%为红葡萄。白葡萄以米勒-土高为最多，约占29%，西万尼占22%，巴克斯(Bacchus)占12%，其余为雷司令与霞多丽(Chardonnay)。虽然干白、甜白都有出产，但以干白较为出色；宝霉甜酒较少，但质量不错。法兰根酒使用一种宽肚的酒瓶，状似以前装酒的羊胃袋，因此也被称为羊胃袋酒瓶，这是有专利的，其他地方不得采用，因此一望便知。

依据2006年新出版的《德国葡萄酒年鉴》(Gault Miliau, Wein Guide Deutschland 2006)，整个法兰根酒区近6000家的酒庄中，只有3个被选为四串葡萄级的酒庄，分别是卡斯特园(Castel)、鲁道夫·佛斯特园(Rudolf Fürst)以及侯斯特·绍尔酒园

法兰根"三杰"之一的卡斯特园。本园是法兰根酒区最老的名园，当今园主为第25代传人。一个家族可以延续300年坚守酿酒本业，真是不可思议。

绍尔园位于安静的艾森多夫小村庄。村庄淳朴可爱，全是造酒人家。

(Horst Sauer)。

法兰根地区因为雷司令葡萄较少，没有酿制宝霉酒的条件，以至于列入五串葡萄级的顶级酒园从缺。四串葡萄级的酒庄中，有我曾经拜访过的绍尔酒园。绍尔酒园位于乌兹堡东北方20千米处，在一个以典型的德国老名字命名的艾森多夫(Escherndorf)小村庄内。绍尔酒园占地14.5公顷，并且还另外租有两个各3公顷大的园区，种植七白一红8种葡萄，年产量共有12万瓶。

虽然绍尔家族4代人都种植葡萄，但直到1977年才由果农变成酒农，不过在10年前这个属于中小规模的酒园还默默无闻。园主绍尔先生致力于新科技与老科技的结合，用手工艺的方法来对待每一瓶酒。绍尔先生有一句名言："每一瓶伟大的酒，都要能在评赏人的口腔中留下酿酒家的激情与盼望的历史痕迹。"所以，他将酒庄顺着山坡盖成三层楼，将采收的果实由最上层倒入压榨机后，一路酿制、储存下去，酒汁完全靠自然重力流下，而不用抽水机来抽取，以免机器产生的热破坏了酒质。这种靠天然重力而不用外力的输送方式，我在德国莱茵高的"天王"酒园罗伯特·威尔园(Robert Weil)以及波尔多几家顶级酒庄都曾看到过同样的设计。

这种努力并没有白费。2004年，绍尔园终于在伦敦的酒展中获得了"年度最佳白酒酿酒师"的荣誉，马上声名大噪，所有的酒销售一空！园主也在5年内把酒园扩充了一半以上，以满足巨额的订单。我在2008年2月底造访本园时才知道，年产4000瓶的2006年份精选级(Auslese)酒在半年之内便销售一空，其他的9款酒也莫不如是。一般酒庄都会想尽办法出清两年以前的白酒，但绍尔酒园2005年份的各款酒都早已售完，这恐怕会羡煞不少酒园。

尽管如此，园主并没有急着调高酒价。以2003年份极优秀的西万尼干白酒为例，虽然获得《德国葡萄酒年鉴》91分的高分，但也只售16欧元；同年份的西万尼枯萄精选(TBA)获得93分，售价为52欧元。年鉴毫不吝惜地称呼2004年份绍尔园的龙普园(Escherndorfer Lump)西万尼酒为“全世界最好的西万尼酒”。2007年份的龙普园西万尼的迟摘级(Spätlese Troken)干白酒只售9.7欧元；2006年份的雷司令枯萄精选(TBA)宝霉酒售价58欧元；法兰根地区难得一见的冰酒——2004年份的西万尼冰酒也只售51.3欧元，都是很吸引人的价钱。

看过德国这本最权威酒导览的介绍，我们当然要尝试一下绍尔酒园西万尼酒的滋味。此次品酒会上，庄主大方地准备了9款2006年份及2007年份龙普园系列酒，从最简单的米勒-土高干白私房酒(Kabinett)，到2006年份两款分别由雷司令及西万尼酿成的枯萄精选(TBA)，都让我们领略到法兰根酒特有的柔顺与芬芳。

2006年份雷司令枯萄精选的酒精度只有6.5度，与同年份的西万尼枯萄精选一样，年产量都只有600瓶(半瓶装)。酿造方式上，除了在旧木桶中先行发酵之外，还会将一部分在全新的橡木桶中陈放7个

个性腼腆、害羞的绍尔先生看到我们来访，立刻十分东方式地双手合十鞠躬，向我们打招呼，使我们备感亲切。他的掌上明珠绍尔小姐两年前才毕业于盖森海姆酿酒学院，绍尔先生很得意于他的女儿能够将最新的酿酒科技与他的酿酒哲学相结合。

月，而后再混合。这是属于革命性的酿酒方式，部分取法了法国波尔多苏代区的方式，而非德国的传统方式。

当我问及何以绍尔酒园也种植起雷司令葡萄时，生性腼腆的绍尔先生向我直言：这是为了外销市场的考虑。因为外国买家只知道德国的雷司令，而不相信西万尼的质量。甚至为了外销，本地不少酒农也一改传统的羊胃肚瓶，而采用一般的长颈瓶，免得被人误解为廉价酒！

绍尔酒园2006年份的雷司令逐粒精选（BA）宝霉酒。

另一款让我有惊艳之感的是2006年份西万尼干白“大年份级”（Grosses Gewächs）酒。“大年份级”是德国几个州较新的一种葡萄酒等级标示法，仿效法文“顶级”（Grand' anee）的制度，针对某些优质的酒厂，严格规定其酿酒的程序，例如：每公顷产量不得超过5000千克；全部以手工采收；新酒酿成后，必须陈放到来年6月才可装瓶，以保证醇化至少8个月；来年9月1日起才可以上市。目前整个法兰根地区的6000家酒庄中，只有18家可以推出顶级的“大年份级”酒。挂上了“大年份级”的标志，就不必再注明是否为迟摘级或是精选级了，一般“大年份级”酒的质量便是介于这两者之间。例如2006年份本款“大年份级”酒年产18000瓶，售价为17欧元，价钱同2007年份、年产各只有4000瓶的精选级西万尼酒（15欧元）和雷司令酒（16欧元）相去不远。

我们品试的这款“大年份级”酒，虽然是干白，但仍然有极明显却甚为薄弱的甜味，芬芳至极。它有一种“回干”，怕甜的朋

绍尔酒园的后方就是龙普园区，坡高45度。想不到每年10月竟然在此处会生长出宝霉菌，使得本园也能够酿制出让其他酒园羡慕不已的宝霉酒。

友当然不会拒绝这种甜中带干的优美，即使比起顶级的霞多丽酒来，亦不遑多让。

看到我们对9款龙普园的热情反应，园主又返回地下酒窖，拿出一瓶镇窖之宝——2002年份的西万尼枯萄精选。比起2006年份的稻草淡绿色，本年份酒的颜色已经变成深黄的琥珀色，这和法国狄康堡（Château d'Yquem）陈年后颜色转为橙红色的情况相类似，但入口的糖度、酒精度更低，整体的平衡饱满与柔软更胜一筹！绍尔园能够左手酿干白，右手酿出顶级的甜白，不称他为“法兰根第一”也难！◆

21

神秘修道院的神秘白酒

德国史坦贝克园葡萄酒

拜《达·芬奇密码》的故事与电影之赐，离我们现实生活已经远如天际的中世纪天主教教会历史又出现在我们的眼前。一座座石造砖雕、壁饰古朴华丽的教堂，昏暗静穆的内部气息，仿佛向读者透露出这些教堂内暗藏着的许多玄秘符号，许多隐秘的重大历史故事等待被发掘出来。

《达·芬奇密码》重新燃起了人们对天主教神秘教堂的兴趣，葡萄酒也在其中。在天主教的历史中，不论是耶稣在传教时将清水化为美酒所显现出的神迹，还是他在最后的晚餐中与门徒共饮葡萄酒，甚至天主教的弥撒中必定准备葡萄酒作为“耶稣之血”来由主祭者代表饮用，都显示出天主教和葡萄酒的关系密不可分。也难怪中世纪的教堂几乎都拥有葡萄园，教士也负责酿酒并传承酿酒的知识。

拿破仑的革命沉重地打击了欧洲教会的势力，原本教会把持的土地几乎都被充公、拍卖给一般农民与商贾，所以今日的德国只剩下极少数葡萄园还会挂上修道院或教会的名称，其中最著名的一个例子便是在莱茵河区属于莱茵高(Rheingau)的艾伯巴赫修道院(Kloster Eberbach)及其所属的史坦贝克园(Steinberg)白葡萄酒。

历史退回到公元1136年2月13日，13位来自法国勃艮第克雷福(Clairvaux)

地区的天主教修士,来到德国莱茵高边上一个风景如画的小镇。这批修士属于法国西托教派,该教派在当时几乎拥有了所有勃艮第的良田,这13位修士正是来自勃艮第传奇名园伏旧园(Clos de Vougeot)。来到德国后,在一位名叫圣伯哈的修士的领导下,13位修士在莱茵高地区胼手胝足地盖起了艾伯巴赫修道院,拓荒垦地、养牛种菜,以谋求自耕自足,并且酿起了葡萄酒。

艾伯巴赫修道院靠着修士们勤勉认真和全心奉献,开始蓬勃发展,很快成为整个莱茵高地区最富有的修道院。全盛时期,艾伯巴赫修道院拥有205处房产、田产、船舶、货运栈及修道院商店,与今日的大财团无异。艾伯巴赫修道院拥有的葡萄园总面积只占所有田产的2.5%,所产出酒的3/4都供给修士们饮用。

公元1211年,某位热心的教徒把一座30多年前(公元1178年)在布满岩石的山坡上开垦的紧邻修道院的葡萄园捐给了教会。由于葡萄园位于一座满是石头的山坡上,故取名为"石园"(Steinberg)。园里栽种清一色的雷司令葡萄,但这些葡萄来自何方,连修道院也没有任何文献记载。

由于艾伯巴赫修道院的修士来自法国的伏旧园,所以艾伯巴赫修道院也和伏旧园一样,用石头围墙把整个园区围绕起来。这也是目前德国唯一一个用石墙围起来的葡萄园。当然,何时开始围起也没有任何文献的记载。唯一可以确认的是,现今的围墙大概是在公元1766年修建的,用来防御宵小。整个围墙长达3千米,高度3~5米不等,是伏旧园围墙高度的3~5倍。

史坦贝克园是艾伯巴赫修道院所拥有的葡萄园中最好的一个园区,共有31公顷。它位于面南的山坡上,排水、阳光都极为良好,所以史坦贝克园的名气也不比同在莱茵高地区的约翰山堡(Schloss Johannisberg)来得差。这里还有一个有名的历史公案。本书所收录的《引我入美酒世界的"敲门酒"——900岁历史的德国约翰山堡酒园》已经提过,德国白酒中最有名的是迟摘酒(Spätlese)。这种由熟透且不少已长出宝霉菌的葡萄所酿成的芬芳美酒，一般都认为是由约翰山堡的大主教富达在1775年因为信差的迟到而凑巧酿出来的，没想到却"一酿成名"。但是，艾伯巴赫修道院的文献资料显示，修道院膳食房的记事本上早在公元1753年就已经明白地记下来：由史坦贝克园区所摘取的已经长了宝霉菌的葡萄可以酿出极为可口的酒。这段文字清楚地记载了艾伯巴赫修道院比约翰山堡早了22年酿出迟摘好酒。这份资料应当是可信的，因为在公元1730年时，艾伯巴赫修道院共酿成了1089大桶，总计130万升葡萄酒。在这样庞大的产量之下，完全有可能研创出新的酒款。

艾伯巴赫修道院在经历拿破仑的统治、教会及修道院财产开放给民间收购后，产权未被私人所承购，而被纳入当地的拿骚(Nassau)侯爵的产业。一直到1866年，才变为普鲁士王国的"御园"。所酿出的酒除了提供王室饮用外，也卖给一般民众。而庞大的修道院建筑，除了保留教堂、酿酒及储酒室等古迹外，其他建筑都被征收为政府机关之用，包括军事机关、拘留所，甚至妇女收容所，第二次世界大战后还曾经作为难民的临时收容所。不过，历史上的葡萄园区仍然继续种植葡萄并酿出美酒。

这些当年属于王室的"御园"，在第一次世界大战后君主制解体后成为各州政府的产业，因此标签上都会印上一只帝国之鹰。乍看之下，帝国之鹰像极了纳粹时代所流行的纳粹之鹰，而且都是金鹰——用金黄颜色，简直就是纳粹之鹰的翻版，无怪乎一直到20世纪80年代的末期，德国最有名的报纸，也是偏左立场的《法兰克福大众报》(Frankfurter Allgemeine)仍然拒绝刊登各州州营葡萄酒园生产的葡萄酒的广告，主要的理由便是因为这只金鹰。

当然，这些州的议会都有争议是否要去除这个敏感的金鹰标志。结果各州议会的决议都以"政治不宜侵犯传统文化"为理由，否决了此种提议。唯一例外的是巴伐利亚州。作为纳粹发源地的巴伐利亚州也在乌兹堡拥有一个法兰根酒园，酒标上

(下页)2005年份史坦贝克园的迟摘酒。绿色的酒瓶上自瓶颈至瓶中处压制出16条凹槽，十分特殊，也成为本酒庄的标志。我特别找到林章湖教授替我绘制的《灵修》这幅彩墨大作，但见画中一位着赭红袈裟的喇嘛静坐在一奔瀑前静思。章湖兄乃吾广东潮州乡兄，吾邑出此诗、书、画三绝的文士，我也备觉光彩！

RHEINGAU
HESSISCHE STAATSWEINGÜTER
KLOSTER EBERBACH
2005
STEINBERGER
RIESLING SPÄTLESE

另一个当年德国皇帝拥有的“御园”，位于萨尔河畔的特立尔市，也有帝国之鹰的标志。

便是以两只狮子的州徽取代了帝国之鹰。

一般而言，这些州园酿产葡萄酒，维持传统的意义远大于卖酒的收益，并不以营利为目的，所以这些挂有帝国之鹰的葡萄酒往往成了质量的保证。读者若有看到这种标签，尽管下手购买，一定不会失望！

作为一个传统的酒园，史坦贝克园生产有许多种酒，从最简单的佐餐酒到最昂贵的逐粒精选（BA）、枯萄精选（TBA）以及冰酒。但是要靠天气以及宝霉菌才可以酿造的后3款酒，在整个艾伯巴赫修道院的7个园区中，总计（以1994～1995年的统计）每年也只占总产量的1%。史坦贝克园的产量就更少，两款宝霉酒（BA及TBA）偶尔有若干产量，少到无法统计，只有冰酒为0.04%。换句话说，每1万瓶史坦贝克酒中只有4瓶是冰酒。无法持续酿制这3款价格最昂贵、也是德国酒中最高等级的“贵族酒”，是导致本酒庄无法被《德国葡萄酒导览》的编辑青睐而只评到三串葡萄等级的重要原因。

至于在其他艾伯巴赫修道院园区产量较丰的迟摘酒（占整个艾伯巴赫修道院总产量约1/4），只占史坦贝克园生产量的0.2%；精选酒占整个艾伯巴赫修道院总产量的2%，但史坦贝克园的精选酒和迟摘酒一样，都只占整个艾伯巴赫修道院总产量的0.2%。因此，本园这两款酒已经是品酒家们最珍惜，也是德国最抢手的精选酒及迟摘酒，市面上很难见到。

实际上，史坦贝克园是以私房酒以及低一个等级的优质酒（QbA）闻名的大宗。前者占全园产量的27%，后者占70%，都是以平价酒闻名。一瓶优质酒市价约20美元，私房酒也不过20～30美元。两款酒都是果香四溢、酒体轻柔飘逸、入口又有类似香槟气泡的感觉，绝对是适合夏天饮用，佐配海鲜、色拉等，属于轻口味的佐餐酒。

艾伯巴赫修道院目前共有131公顷园区。除史坦贝克园外，还有6个不同大小的园区，每年共酿制90万瓶酒，算是个大型的酒庄。修道院本属政府所有，但在公元1998年已被划入公共机构，平日开放供游客参观。在这个12世纪建造完成的罗马式、早期哥特式的修道院中，随处可见穿着各种教派袍服的修士、修女们在修道院的角落或沉思、或祈祷。游客在每个角落都可听到圣歌的低声颂赞，也自然会不由自主地放轻脚步，压低嗓门。我在4年前的夏天造访这座神秘的修道院时，突然之间感觉十分眼熟，细想之下，原来这是著名电影《玫瑰的名字》的拍摄地点。电影的原著小说由意大利教授安伯托·艾可(Umberto Eco)所撰写，通过“007”演员肖恩·康纳利所主演的博学多闻的修士威廉，把一座中古时代修道院内的连环谋杀案抽丝剥茧地曝光出来。当我被勾起对电影的回忆后，我走在回廊上的每一步，都仿佛带有神秘的回响，好一次令人难忘的酒庄之旅！◆

肖恩·康纳利等拍完《玫瑰的名字》后，在酒厂的庆功宴上。本照片出自Staab，Kaiser，v. Götz于2000年所著《Kloster Eberbach》。

22

何以疗病，只有杜康

德国传奇的“治病名家”塔尼史园

酒的疗伤治疾功能，不论是缓解肉体上还是精神上的苦楚，都有许多脍炙人口的名句传世，如曹操的“何以解忧，唯有杜康”，西方早在公元前即有“葡萄酒是百药之王”的谚语出现。德国的莱茵河地区在中世纪也出现了一个印证这个古老传言的酒庄。

位于德国莱茵河支流摩泽尔河(Mosel)中段的小镇柏恩卡斯特(Bernkastel)是整个莱茵河产酒区的心脏地带。在柏恩卡斯特镇旁、摩泽尔河右岸的山坡上有一个小葡萄园出产的酒，在1360年立下一个大功。

当年，本地区的行政及宗教领袖，也就是特里尔(Trier)大公爵、枢机主教伯孟二世(Boemond II)生病了。在群医束手无策时，一个老头儿献上一瓶饮料，大公爵一喝之下，精神顿时提了起来，日后连续喝了几瓶，竟然痊愈了。大公爵于是亲封这瓶酒的产区为“医生园”，从此，这个园区被称为“柏恩卡斯特医生园”(Bernkasteler Doctor)，简称“医生园”。

无独有偶，500年后也流传开来另一个因此酒而痊愈的大人物的故事，此人即是英王爱德华七世。但实际的情形是，当年爱德华七世游莱茵河时，在旅游胜地Bad Homburg试饮本酒后大为赞赏，当即订购一批运返英国。他并没有生病，也未将本酒当药喝！不过，几百年来医生给病

(下页)有“妙手回春”美名的柏恩卡斯特医生酒(塔尼史园的枯萄精选)。背景为苏州著名的双面绣精品《松鼠葡萄》(作者藏品)。

BERNCASTELER DOCTOR
Trockenbeerenauslese
1989
D-5550 Bernkastel-Kues
RIESLING
Mosel-Saar-Ruwer

人开药方时常加入此酒，此酒变成了药酒，确是事实。此外还有另一个理由——此酒价格昂贵，一般人是买不起的。

(右)风韵迷人的园主塔尼史–史匹尔女士。

(下)1994年秋天采收枯萄精选时，由本园鸟瞰景色宜人的柏恩卡斯特–库士小镇。

现在的园主塔尼史(Thanisch)的家族早在1636年就定居在柏恩卡斯特–库士(Bernkastel-Kues)这个与柏恩卡斯特镇隔河相眺的小镇。塔尼史家族从1650年开始拥有医生园，至今已超过三个半世纪。

在19世纪时，家族中出现了一位哲学家并担任过普鲁士国会议员的雨果·塔尼史博士，于是医生园成功地打入了高级社交圈。1895年，塔尼史博士逝世，由其遗孀凯萨琳娜(Katharina)接掌本园。这位女士是位女强人，把本园经营得有声有色，故本园改名为“塔尼史博士遗孀园”(WWE Dr. H. Thanisch)。在酒园名前加一个“寡妇”(WWE是德文“寡妇”一词witwe的缩写，“遗孀”则是中文较文雅的措辞)，的确是比较少见的。目前园主是开园第13代的传人，也是自博士遗孀掌园后的第4位女性掌门人苏菲·塔尼史–史匹尔女士(Sofia

Thanisch-Spier)。

1988年，本园因继承问题分成两个医生园。较大的新园（11公顷）称为Eben Müller-Burggraef，老园(6.5公顷)则保有祖宅。两个酒园的名称及标签极易混淆。这两园的评级都一样，但老园毕竟历史成分较多，以下即以老园为代表进行介绍。

医生园(老园)面积有6.5公顷，产地分散在3个不同的小镇上，除柏恩卡斯特外，尚有摩泽尔河南岸的布劳山堡(Brauneberg)与葛拉哈(Graach)，每一个地方都是寸土寸金，从园区鸟瞰摩泽尔河，真是优美极了。葡萄园面向西南，土壤以板岩为主，透水性强。园中全部种植雷司令葡萄，所有的葡萄树都是老株，平均树龄在40～60岁之间。种植密度偏高，每公顷约8500株，每平方米约生长8～10株。葡萄颗粒较小，但质重味厚。产量甚少，平均为邻园的一半。在布劳山堡的园区有部分葡萄树被更新，是因为官方推行的土地重划政策所致，且种植密度较低，每公顷6300株，树排间距增为1.6米，这样一来耕种的工作可较轻松些。

本园酿造各种不同等级的白酒。葡萄在摘获时已经分类，采收工人带着两个桶子，其中一桶是准备酿逐粒精选级以上的酒。若有必要，在酿酒房还会进行第二次分类。本园总共生产20种不同的葡萄酒，这些来自8个不同园区、不同等级的酒，年产量只有4.5万瓶，在德国的名园中算是小园了。假如天公作美，极有可能酿成

新园1998年份的冰酒。酒标和老园几乎完全一样，只是多了“Müller-Burggraef”字样而已。请注意此差别！

枯萄精选酒与冰酒。例如,2006年及2008年即产出了极优质的枯萄精选,但每次产量极少,只有100～200瓶,一瓶2003年份的枯萄精选酒在美国的市价为264美元。冰酒的价钱则便宜些。本园偶尔也生产少量的逐粒精选(BA),和冰酒一样,产量仅一两百瓶,一瓶BA在美国的市价约为200美元(例如2003年份酒5年后在纽约市的售价)。我个人倒是很欣赏本酒园的精选级酒,特别是百中挑一(一年仅千瓶上下)的金颈精选级(Gold Cap Auslese),浓稠香郁,简直美不堪言。这种绝活货都是半瓶装(375毫升)的,一瓶2007年份的金颈精选级酒在美国的售价为80美元。

至于新园的冰酒及枯萄精选就便宜多了。2003年份的枯萄精选为80欧元;2004年份的冰酒在德国的售价为60欧元,在美国为140美元。

医生园出产的枯萄精选与冰酒都有浓郁的芳香并夹杂些许的果酸。既可趁新鲜时饮用,亦可保存20年而不改其味,甚至更加芳醇动人。尤其是该酒的酒标为具有百年历史的新艺术风格,莱茵河水波涟漪的风光,仿佛可穿越酒瓶扑面而来!◆

塔尼史园自1901年起就使用这种新艺术风格的标签。上图是1921年份的枯萄精选,下图为1989年份的枯萄精选。

23

霞多丽酒的“麦加圣地”

梦拉谢酒区行走

曾经有一个传说：有一天，一位御厨因为小事触怒了喜好美食的独裁皇帝而被处决。皇帝念及这位大厨为他提供美食数十年，特别开恩，准他在皇宫酒窖中挑出人生的最后一瓶酒，问他要挑哪一款。这位也是品酒客的御厨是这样回答的：“那要看行刑那天的天气如何。假如是天冷，请恩赐我一瓶罗曼尼·康帝；假如天热，则请恩赐我一瓶已冰镇过的罗曼尼的梦拉谢。”每位爱酒人士听到这个传说，都会会心地一笑，也认为这位御厨足以“醉卧九泉”了。

提到红葡萄酒的“麦加圣地”，可能会有一些分歧：资深的美酒专家不是挑选法国波尔多市，就是挑选法国勃艮第金坡的沃恩–罗曼尼村(Vosne-Romanée)；爱国的美国佬可能会一口咬定为加州的纳帕谷；乡土主义情结浓厚的意大利人可能会中意文艺复兴的重镇——托斯卡纳的浪漫城市佛罗伦萨。然而对于白葡萄酒的“麦加圣地”，恐怕大家的意见便会趋向一致：无疑是勃艮第邦内(Beaune)坡的梦拉谢(Montrachet)酒区。

这是一个几乎覆满霞多丽葡萄的奇妙世界。虽然全世界都在栽种霞多丽，然而霞多丽这种易繁殖也易移植的葡萄却能够在世界各个酒区配合当地的风土，变幻出各种不同的迷人口味。例如本来口味

勃艮第红酒的圣地——标准“三家村”规模的沃恩-罗曼尼酒村的中心。

偏向丰富内敛、入口甘洌、果味饱满的勃艮第霞多丽，一旦移到了美国加州，虽能绽放出绚烂的花朵，但却极为肥厚、口味加重，油脂性的鲜奶油味取代了花香，成了重量级口感的白酒；到了澳洲，造就了澳洲白酒的复兴，演变为气味清爽、花香与果香飘逸的中量级白酒；而我国山东引进的霞多丽，却转变为酒体较弱、中度的果香与花香、入口微酸、口感反而比较偏向雷司令的变种，属于轻量级的白酒，曾经一度受到国际酒界的青睐(例如华东酒厂的霞多丽)。

能亲自造访霞多丽重镇的梦拉谢酒区，而且能够好整以暇地一个酒村一个酒村地逛过，应当是每位美酒爱好者的美梦。2007年夏天，我把这个美梦实现了。

当在山发企业任职的郭先生得知我打算趁2007年暑假去德国拜访学界老友之际，顺道赴法国勃艮第酒区行走一番时，便立即向其业务伙伴皮卡酒庄去了封信。很快，我收到了皮卡酒庄的负责人法兰欣·皮卡女士的回信，欢迎我去拜访。

皮卡酒庄是一个颇具规模的酒庄，所酿的酒属于中上价位，2007年春天才正式登陆中国台湾的市场。2007年3月，山发企业在台北东丰街成立了一家专卖高档威士忌及葡萄酒的W&W酒窖，刚好我的一位老弟Jacky李是负责设计这个酒窖的设计师，便邀我在开幕式时作了一个小小的演讲，我遂和此酒窖结了缘。在开幕酒会上，我初次品尝了皮卡酒庄2003年份的夏商内–梦拉谢及香柏坛(Chambertin)等红、白酒，马上对这个能一口气提供20种顶级勃艮第红、白酒的酒庄产生了浓厚的兴趣。

梦拉谢酒区位于邦内小镇的南方。从巴黎往南沿着A6号公路一直开到邦内坡南端的张义(Changy)，不久就进入了夏商内–梦拉谢(Chassagne-Montrachet)酒村。道路左前方耸立着一栋黄色的建筑，这便是酒村中最大、最堂皇的夏商内–梦拉谢堡（Château de Chassagne-Montrachet)。这个城堡属于东道主皮卡酒庄，员工也在堡内上班。庄主平日不住在这里，而是住在里昂。此地豪华的客房内有画廊，有庄主珍藏的现代艺术作品，供友朋欣赏。城堡内有一个中等大小、约60多平方米的宴

夏商内酒庄路旁野生的黑莓及覆盆子，处处可见。

梦拉谢各酒园以石头门来代替园界。

会厅及厨房，提供酒村邻居宴会使用。我们造访的次日，便有一对新人的婚礼在此举行，让我们亲眼看到21世纪法国乡下所举行的淳朴婚礼，就像中国台湾乡下在20世纪60～70年代的婚礼一样。

夏商内–梦拉谢是整个邦内坡最南端的酒村，北部紧挨着普里尼–梦拉谢(Puligny-Montrachet)。这两个酒村构成了整个梦拉谢家族，也是全世界葡萄酒爱好者垂涎的白酒的“麦加圣地”。

再往北走就进入了梅瑟(Meursault)区，包括以红酒著称的佛内(Volnay)及波马(Pommard)，进而进入邦内镇，也进入喜好勃艮第红酒者心目中黑比诺酒的“麦加圣地”。向北沿着N74公路可达里昂。公路两边共有500公顷大的葡萄园，处处都是令人眼前为之一亮的知名酒庄。平均每5分钟左右的车程，我们就可以进入另一个酒区。原来令世界各地美酒爱好者平日惊鸿一瞥的勃艮第红、白酒酒区，在此竟然仅是“咫尺之遥”。

这里虽然以“北红南白”为主，但各酒区间犬牙交错，复杂得令人头昏。为了帮自己搞清楚这里产区的大致方位，我将整个“黄金坡”从北边的“夜坡”再到南边的“邦内坡”编成一个十字口诀，朗诵几下，大概就可以记得住了：香丹木罗圣，邦佛马普商。即香(香柏坛)；丹(圣丹尼)；木(木西尼)；罗(沃恩–罗曼尼)；圣(夜之圣乔治)；邦(邦内)；佛(佛内)；马(波马)；普(普里尼–梦拉谢)；商(夏商内–梦拉谢)。刚好南北坡各5个字。

同样的，因为我对数字一向不在行，我也自创一个口诀，类似台北市的电话：02-56890580，表示法国波尔多在1980～2000年的20年间最好的9个年份。02自然指1982年，以后依序为1985、1986、1988、1989、1990、1995、1998、2000，是不是很好记了？以上是我这个懒人发明出来的两个口诀，无保留地奉献给读者。

白葡萄酒的“天王”家族由位于普里尼－梦拉谢及夏商内－梦拉谢这两个加起来近40公顷的酒村所构成。每位美酒爱好者都梦寐以求的“梦拉谢家族”共有6个成员，分别是：梦拉谢、巴塔－梦拉谢（Bâtard-Montrachet）、骑士－梦拉谢

仍然使用马匹来耕作的梦拉谢酒园，采用标准的自然动力耕种法。

(Chevalier-Montrachet)、比文女–巴塔–梦拉谢(Binevenues-Bâtard-Montrachet)、少女·梦拉谢(Purcell Montrachet)及克里欧–巴塔–梦拉谢(Criots-Bâtard-Montrachet)。其中位于普里尼村的顶级酒园一共有4个:梦拉谢、巴塔–梦拉谢(这两个酒园各有一半位于普里尼村与夏商内村)、骑士–梦拉谢以及比文女–巴塔–梦拉谢。只有少女·梦拉谢是属于一等酒园,而克里欧–巴塔–梦拉谢(只有1.5公顷的园地)则完全位于夏商内酒村。因此,整个梦拉谢的家族主要是位于普里尼酒村之内。

不明白法语的人一定对上面这些用语感到不解,因为这些美酒居然使用"私生子"(巴塔)、"欢迎"(比文女)或"喜极而泣"(克里欧)这些奇怪用语来命名。20世纪初,在被当地最有名的两个酒商Jacques Prieur及Vincent Leflaive大力宣传下,有一个戏谑的传说或许可以向读者们解释这些神奇的白酒为何如此命名。

话说有一位年老的贵族梦拉谢,在勃艮第这片荒芜的山区买下了一片庄园,成为当地的显贵。梦拉谢爵士的爱子名为"梦拉谢–骑士",随着其他贵族子弟们参加了十字军东征。老爵士思念爱子,经常走到村外探听消息。有一天遇到了一位纯真"少女"(Purcell),不久少女便暗怀珠胎,产下一位"私生子"(巴塔)。其后,爵士听到爱子阵亡的噩耗,便迎娶了少女。少女正名后,光彩地回到村庄,当然受到村民们的热烈"欢迎"(比文女),少女当时"喜极而泣"(克里欧)。故事与名称环环相扣,这个传说不相信也难。

这一片片酒村都连接在一起,价钱因产量的多寡、酒商的名气、口感是否浓郁高雅而有极大的不同。大致上,是以梦拉谢遥遥领先,"少女"最后,其他4个小酒村居于中间,彼此只在伯仲之间。

在这一片酒村里,你才可以明白什么叫做"风土"(Terroir)。号称白酒"天王"之首的梦拉谢,总共只有8公顷的顶级产区,各有一半在夏商内村与普里尼村。这一片连绵不断的梦拉谢,位于一个面向东方的缓坡上,分别由17个酒庄所拥有。其中在普里尼村有5家，都是国际知名者；其余12家分散在夏商内村，尽管品质也不输于普里尼，例如帕克大师便持这种见解，但毕竟少了国际上知名酒庄(唯一例外为拉梦内酒庄 Domaine Ramonet）的帮衬，所以被普里尼村的梦拉谢酒占尽了光环。

梦拉谢酒村内的每个酒庄都是平行地分割，唯一可分辨之处，是在坡地的路边会用简单的石头门或石牌标示其地界。这一片8公顷的坡地上，虽然几乎有着同样的葡萄种、风土、采收期及几乎一样的挑选标准(每公顷法定产量为3000升，但经常维持在2500升，酒精度至少要12度)，酿造方式大同小异，但这17家酒庄酿造出来的梦拉谢酒在口感与品质上却会有数倍的差异。以最高价位的罗曼尼·康帝酒庄(DRC)为例，也就是本文开头所提到的御厨在天气较冷时想品尝的那一款梦拉谢，2004年份酒一上市，市价便高达4000美元一瓶，而最便宜的其他酒庄的梦拉谢酒大概只有其1/10。所以曾经有人说：“罗曼尼·康帝的梦拉谢，诚然是百万富翁买的酒，但却是千万富翁所喝的酒。”甚至有人还挖苦说，全世界这种酒消耗最多的是在美国的迈阿密，因为那里的毒枭最多，黑心钱赚得最多，最重要的是，他们自己也不知道还可以活多久！

而最“骚包”的酒宴，不只喝一款梦拉谢，还要同时比较普里尼村与夏商内村的梦拉谢。前者可以选择DRC及拉贵歇侯爵园(Marquis de Laguiche，以 Joseph Drouhin 为代表)，后者夏商内村自然是选拉梦内酒

普里尼–梦拉谢酒村中心的葡萄酒农铜雕像。

2001 年份苏希酒庄(Domaine Sauzet)的梦拉谢酒。本酒庄位于普里尼村的北边，仅有 0.12 公顷,年产量只有 20 箱,约三四百瓶,树龄平均 40 岁。第 210 页所列梦拉谢餐厅酒单上的第一款梦拉谢酒即出于本酒庄。2010 年初我品尝本酒时，感觉入口微酸、略带淡太妃糖及浓厚烤吐司香气,久久不散,不过仍然属于中等厚度的梦拉谢。背景为著名雕塑家许礼宪的铜雕《狮头》(作者藏品)。狮头强劲有力,梦拉谢的威力岂非同样?

庄了。拉梦内酒庄的梦拉谢不过0.25公顷,年产量只有七八百瓶,丰收时才有破千瓶的可能,如要出手炫耀,这种寥若晨星级的“梦幻逸品”当是最适合的了!一般认为梦拉谢上市第5年或第6年就会达到成熟期,不过一流酒庄的梦拉谢储放10年以上才能真正发挥其第二度生命高峰的魅力。

另外4款中等价位的梦拉谢,也支支都是口味浓郁,具有鲜奶油、烤吐司、太妃糖的香味,价钱也很惊人。以最近台湾刚报价的夏商内村拉梦内酒庄所生产的2005年份巴塔–梦拉谢及比文女–巴塔–梦拉谢为例,每瓶约16000元新台币;而梦拉谢则高达50000元新台币。同样年份但出自名气也大的普里尼酒村的Leflaive酒庄的“巴塔”与“比文女”,价钱和拉梦内酒庄一样;而“骑士”近20000元新台币,“少女”则在3000～8000元新台币不等。

这几款梦拉谢,每个酒庄的产量少则几百瓶,最多不过两三千瓶,分配到台湾省的配额最多不过数十瓶而已。所以比起波尔多顶级酒庄坐拥整片大坡地或是大园区,产量动辄以万瓶甚至10万瓶计算,此处更让人理解种植葡萄的自然环境会有地理上明显的区分。勃艮第这种地理环境的“小区风土”,显得更为细致而不可思议!1公顷的距离,足以导致数倍价格的差异。经过了200年消费市场的严酷检验,才形成了勃艮第这种风土与酒园决定酒价的市场规律。

这也要感谢整个勃艮第区,包括红酒

夏商内–梦拉谢城堡的地下酒窖极为壮观,女主人法兰欣女士得意地向本书作者介绍酒窖几百年的历史。

1990年份吉拉丹酒庄的夏商内–梦拉谢红酒。我在2010年初品尝了这款已有20年岁月、不属于顶级而属于一级酒庄的美酒，它没有顶级勃艮第酒特有的橙黄近砖红的色泽以及浓烈的梅子味，酒体虽然极为轻盈，仍能强烈感到优雅、丝丝不绝的水果香味。即使只是一瓶一级酒庄的酒，这20年的陈年功夫也不可小觑。

圣地沃恩–罗曼尼酒村在内，都尚未变成观光客的造访之处。当我前年8月初有幸拜访这个奇妙的家族园区时，整个园区静悄悄的，没有其他路人，顶级的霞多丽正静悄悄地结出绿色的小果实。当我怀着顶礼膜拜的心情走过种植梦拉谢葡萄的园区时，看见园区虽围着及腰高的石墙，但中间有不少地方留下了出入的空间。偶尔也可以看到酒农拉着一匹老马在犁园，这真是标准的"自然动力耕种法"，所以本酒村仍然维持着老传统的耕作方式。

一株梦拉谢的葡萄，刚好可以酿成一瓶梦拉谢酒。听说在葡萄成熟时，酒农会如临大敌般地严加看守，不过在青果时期却也一片宁静安详。法国酒农居然没有一家为这些珍贵的葡萄加上铁丝网或高墙，也没有豢养恶犬来吓阻可能摘食的游人。偶尔经过的酒园工作人员，也个个笑容可掬地向我们这几位异乡人打招呼。

其后，我们离开下榻的夏商内–梦拉谢的酒堡，到隔壁几步之遥的夏商内酒村的中心去逛逛走走，吃午餐及晚餐。酒村中全是住宅，别无商店，只有一个餐厅，名为"夏商内餐厅"。这个小餐厅只有五六张桌子，门口橱窗中陈列着48张整个梦拉谢酒区的顶级酒标，气势不凡。餐厅水准甚佳，已列入米其林一颗星的观察名单。主餐精致但不甚昂贵,饭后甜点及乳酪则极精彩,光是乳酪即有20多种,点上一瓶普通的一级夏商内–梦拉谢(这里共有41个这种等级的酒园),也令人其乐融融。

另外,夏商内村还有一个优点是普里尼村所没有的：它也酿制一级的红酒。夏商内黑比诺红酒的产量约是白酒的九成,所以夏商内红、白酒比例接近五五开,每年各有接近100万瓶的产量。其一级红酒的酒精度居然比白酒低0.5度，为11度,属于淡口味的红酒,基本上应当趁年轻时喝。因不是顶级酒,不像夜坡的黑比诺酒般具有陈年的实力。

如果想要品尝更完整的各种梦拉谢酒,还有一个更好的选择,就是到邻近只有几分钟车程的普里尼–梦拉谢酒村。酒村的中心有一个叫做“马龙尼勒广场”(Place de Maronnieres)的小公园,旁边有一个叫做“梦拉谢”的旅馆(只有20个房间),十分高雅宁静,并附有一间米其林一颗星的餐厅。这间本地最典雅且堂皇的餐厅,提供十分可口的四道菜午餐,只索价50欧元。在此处我们居然遇到一位来自台湾省并在此学习做侍酒师的女孩(刚巧是我两本葡萄酒书的读者)，真是难得的经历。更精彩的是,餐厅酒单足足有几十页之多，光是各酒村的梦拉谢酒就超过50种，每瓶折合新台币至少都要2万元。果然,在欧洲顶级餐厅用餐,酒钱可能比餐费贵上数倍!

梦拉谢地区最好的餐厅“梦拉谢”。

住在这个典型且不无单调的小酒村,饭后的散步却令人十分愉悦,路旁尽是各

LE MONTRACHET

			Euros
MONTRACHET	(Domaine Sauzet)	2002	480,00
MONTRACHET	(Marquis de Laguiche)	2002	480,00
MONTRACHET	(Comtes Lafon)	2002	600,00
MONTRACHET	(Guy Amiot)	2002	390,00
MONTRACHET	(Domaine Ramonet)	2001	410,00
MONTRACHET	(Domaine Sauzet)	2001	450,00
MONTRACHET	(Marquis de Laguiche)	2001	410,00
MONTRACHET	(Comtes Lafon)	2001	600,00
MONTRACHET	(Domaine Bouchard)	2001	460,00
MONTRACHET	(Olivier Leflaive)	2001	360,00
MONTRACHET	(Fontaine-Gagnard)	2000	420,00
MONTRACHET	(Domaine Sauzet)	2000	440,00
MONTRACHET	(Domaine Bouchard)	2000	450,00
MONTRACHET	(Marquis de Laguiche)	2000	400,00
MONTRACHET	(Fontaine-Gagnard)	1999	420,00
MONTRACHET	(Domaine Bouchard)	1999	450,00
MONTRACHET	(Comtes Lafon)	1999	600,00
MONTRACHET	(Louis Jadot)	1999	500,00
MONTRACHET	(Guy Amiot)	1999	420,00
MONTRACHET	(Marquis de Laguiche)	1999	400,00
MONTRACHET	(Fontaine-Gagnard)	1999	420,00
MONTRACHET	(Domaine Bouchard)	1999	450,00
MONTRACHET	(Comtes Lafon)	1999	600,00
MONTRACHET	(Louis Jadot)	1999	500,00
MONTRACHET	(Guy Amiot)	1999	420,00
MONTRACHET	(Marquis de Laguiche)	1999	400,00
MONTRACHET	(Jacques Prieur)	1999	600,00
MONTRACHET	(Guy Amiot)	1998	395,00
MONTRACHET	(Domaine Leflaive)	1998	ÉPUISÉ
MONTRACHET	(Marquis de Laguiche)	1998	400,00
MONTRACHET	(Domaine Bouchard)	1997	450,00
MONTRACHET	(Domaine Leflaive)	1997	ÉPUISÉ
MONTRACHET	(Marquis de Laguiche)	1997	375,00
MONTRACHET	(Pierre Morey)	1997	500,00
MONTRACHET	(Jacques Prieur)	1996	600,00
MONTRACHET	(Château de Puligny)	1996	350,00
MONTRACHET	(Chartron & Trébuchet)	1996	350,00
MONTRACHET	(Marquis de Laguiche)	1996	425,00
MONTRACHET	(Louis Latour)	1996	395,00
MONTRACHET	(Domaine de la Romanée Conti)	1996	3000,00
MONTRACHET	(Pierre Morey)	1994	430,00

梦拉谢餐厅的酒单,光是“梦拉谢”等级的酒就有50种以上,读者可以比较一下价钱,酒钱绝对会超过饭钱数倍。

种野生的黑莓、覆盆子、李子与西洋梨。看到我们忍不住想要摘摘尝尝,笑嘻嘻路过的酒农也会指点我们哪里还有较成熟的果子可以去试试。

遇此情景,我不禁深深地感动:这些朴实的勃艮第酒农,果然是上天为这块葡萄酒宝地挑选出来的最忠实可爱的酒仆!我们虽然痛恨勃艮第酒被炒出来的高价,但对这些淳朴的酒农,还是应当抱以最大的敬意。◆

24

梦拉谢家族的“小姐妹”

普里尼一级酒的“三朵花”

上文提到的普里尼酒村中，除了4个列入顶级的酒园，还有总共多达100公顷的一等酒庄（Premiers Cru），酿制较为便宜且口感有时不逊于其“富贵姐姐”们的一级酒，这是给那些想要一窥顶级梦拉谢奇妙者最好的“解馋替代品”。

这些一等普里尼酒来自14个酒村，其中有3朵“姐妹花”最为人所称颂，分别来自普塞儿（Les Pucelles）酒村、康贝特（Les Combettes）酒村以及卡勒黑（Le Cailleret）酒村。

“普塞儿”的法文意思为“少女”。酒如其名，少女酒十分清新，比梦拉谢这些“贵妇”酒少些层次感，一下子就能让人体会到它的淡雅朴素。

少女酒村位于比文女–巴塔–梦拉谢的正北方，两者连接在一起，基本上风土没有太大差别，也因此许多专家——例如帕克——认为少女酒胜过比文女–巴塔–梦拉谢，而且几乎所有的酒学著作都把少女酒评为顶级。总年产量也不过35000～40000瓶。少女酒村只有6.7公顷大，村中小园密布，其中最大也最重要的是乐弗莱夫酒庄（Domaine Leflaive）。

乐弗莱夫家族1717年起就在此地从事酿酒业，至今已传承8代，在村中总共拥有3公顷的园地，几乎占了全村的一半。另外还有分散在12个园区的近22公

看到这一大串铜雕葡萄的庞然巨物，就知道已经踏入了普里尼-梦拉谢酒村。这个铜雕是本酒村与夏商内-梦拉谢酒村的界标，十分引人注目。

顷园地，当中最令人钦羡的是他们在4个“梦拉谢族”中都有园区。在梦拉谢只有0.08公顷；在巴塔-梦拉谢及骑士-梦拉谢各是1.91公顷；在比文女-巴塔-梦拉谢之内有1.16公顷，算是颇具规模的酒厂。每款梦拉谢酒都是代表作，本酒庄俨然是梦拉谢酒的“天王”酒庄。

本酒庄产品从1933年开始直销美国，至今仍盛况不坠。本园的成功除了天时地利皆一时之选外，也应深庆得人。20世纪初至中叶由工程师出身的约瑟夫当家；1953年约瑟夫去世后，由从事保险业的乔(Jo)与其弟文森特(Vincent)继承父业，文森特一流的经营能力，终于使本园能居少女村的首位。

本酒庄光是在少女村就占了将近一半，约3公顷的园地，几乎垄断了少女酒产量的一半。其坡度、风土条件和梦拉谢以及巴塔-梦拉谢等大致相同。树龄平均为30多岁。每公顷的产量约4000升，和本园的其他顶级梦拉谢酒一样，年产量可达15000瓶上下。

虽然说少女酒天真无邪，需要的成熟期略短于梦拉谢，但也至少要8～10年。少女酒成熟后，在13摄氏度的环境中(这是地窖最佳温度)试饮一口，那黄澄澄带绿光的液体使人仿佛漫步在枫红满天的秋山，不禁会想起浮士德那句话：“真美！时光请留步！”

另外两个接近顶级水平的一级酒村是卡勒黑酒村及康贝特酒村。卡勒黑酒村位于普塞儿村的正西方，坡度较高，南方紧接着"天王"酒区梦拉谢，所以地理环境一流，风土条件也接近前两者，面积较普塞儿少1/3，约为3.5公顷，产量在10000瓶左右。卡勒黑的西南角紧邻着骑士–梦拉谢酒区。在第二次世界大战前，卡勒黑名为小姐园(Demoiselles)，第二次世界大战后才更为现名。但有的酒庄，例如在此处有1公顷园地的路易·拉图(Louis Latour)等，便仍沿用原名，并酿造出了骑士–梦拉谢的代表作(拙著《稀世珍酿》将它列入世界"百大"之中)。

为什么要有这种改名?依据来自一个已经快要被酒界遗忘的酒学大师历辛(Alexis Lichine)。在美国帕克等新派酒学大师出现前，这位俄裔美国人后半生立根于波尔多的酒庄(著名的Lichine及Lascombes酒庄)主人，著作颇丰，被公认为欧美最有名的酒学大家。他在1951年出版的大作《法国酒》(Wines of France)中说，这是因为当地人讨厌一两百年来骑士与小姐之间有风风雨雨的传闻，"会令美酒变成酸醋"，所以才改为这个意为"凝固"(卡勒黑)的新名称。

历辛大师的经历，让我想起了在世界范围推广泰国丝的先行者——金·汤姆森(Jim Thompson)。两人在第二次世界大战时都在美国情报单位服役，战后各自在国外两个领域开创革命性的事业。金·汤姆森在泰国曼谷的寓所(Jim Thompson's House on Siam)位于湄公河边，是由四五座老佛寺拼装而成。泰式建筑物内置满中国、泰国及其他东南亚各国的古董，庭院花木扶疏，珍禽时鸣，真可谓天上人间!现在已成为一个纪念馆，我曾三度在此流连忘返。

至于康贝特酒村，则位于普里尼酒村最北方，接近梅瑟(Meursault)酒区。这里的霞多丽酒也非常浓郁，获得广泛好评，甚至被认为如果出于此地最好的酒庄，例如乐弗莱夫酒庄或是苏希酒庄(Domaine Sauzet)，则至少有巴塔–梦拉谢以上的水平。该酒也必须陈放5年以后，酒质才容易软化，变得更为可口。

即使是普里尼一级酒的产量，以每公顷法定标准为3500升而言，或以丰年时

DOMAINE
1994
1994
LES PUCELLES
DOMAINE LEFLAIVE

的平均收获4000升的标准来论，可灌装2158瓶，总共100公顷园区的年产量约21万瓶，远不能满足全球美酒界所需。除了名庄出产者质量较有保证外，在其他较不出名的小酒庄购买时就必须赌运气，同时要照顾好自己的荷包。

勃艮第和波尔多等酒区的最大差异是在其小农制，也因此每个酒庄在各个酒区拥有1公顷上下者不知凡几。例如列入顶级的比文女–巴塔–梦拉谢，仅有3.68公顷，却分属于15个小园主，由此可知其分割问题之严重。所以，每年各个酒区酿制的规模不过数百瓶，无法独立进行有效的宣传与营销，都交由酒商挂牌来营销。勃艮第酒中这种“统包”的比例高达八成以上，也造就出勃艮第几家大酒商的金字招牌。

最近我在台北发现一个名为克雷–比柔(J. Coudray-Bizot)的酒庄生产的康贝特酒。克雷–比柔酒庄位于邦内(Beaune)镇。18世纪，有一位贵族德·保佛（David de Beaufort）由邦内著名的慈善医院购得了一些葡萄园，并兴建起一座酒庄。由于此

两款平实的普里尼一级酒，左为比柔酒庄的康贝特酒，右为比罗酒庄的香干酒。

(上页)没有风韵，没有野心，只有璞玉美质的乐弗莱夫园的少女酒。背景为旅法油画大师陈英德教授的作品《秋色赋》(作者藏品)。

相较于其最适合独饮的“贵姐姐”梦拉谢酒，普里尼一级酒较为清淡，宜佐海鲜，从冷盘到油煎海鲜，都可谓绝配。图为法国南部最受欢迎的什锦海鲜，摄于法国马赛港边。各式海鲜经橄榄油轻轻煎过，鲜美异常。此时最适合饮用冰镇的白酒，从标准的夏布利到顶级的普里尼，都是行家的选择。

时慈善医院名下皆是一时之选的良田(参见拙著《酒缘汇述》中的《发挥慈善心的邦内医院酒》一文)，故德·保佛酒的质量也获得一定的保证。20世纪20年代，一位名为比柔的医生购得了德·保佛酒庄的产业，延续至今。

比柔酒庄目前在勃良第到处都拥有小园区，例如属于顶级的大依瑟索、沃恩-罗曼尼、日芙海·香柏坛及一级酒区普里尼等，连同若干地区级如圣乔治等，一共拥有8公顷的园区，算是个中等规模的酒庄。但产量很少，例如大依瑟索年产1500瓶，沃恩-罗曼尼年产1000瓶，日芙海·香柏坛年产1400瓶，普里尼则年产仅1300瓶，地区级则各在600～800瓶不等。除非国外访客亲自上门求购，否则很少外销，此次台湾省当是首见其产品。我很有兴趣地尝试了其2002年份的康贝特酒。

此款酒颜色呈现极淡的黄绿色，酒体十分柔和，感觉得出淡甜与酸味，也可嗅出不知名的花香。同样是由霞多丽葡萄酿造，康贝特酒没有美国加州霞多丽酒那么咄咄逼人的浓烈太妃糖与烤吐司的肥美味，也没有其他梦拉谢“贵姐姐”们的富贵橡木与太妃糖味，挂杯残留的花香十分优雅迷人。

我携带此酒与刚从美国回来的David刘教授共品，搭配神旺饭店拿手的潮州卤水鹅片与鹅血。潮州卤水向来强调温润，不重酱色与浓味，康贝特酒的内敛平衡，反而使此潮州第一美味的味道浑然天成地发挥出来了。

另一款我携带与会的，是最近发现的

出自于康贝特酒区右邻的香干区(Champ Gain)的一级酒,生产这瓶酒的酒庄——比罗酒庄(Jean-Marc Boillot)在当地也颇有名气。庄主比罗早在1967年就开始和祖父学习酿酒,日后在乐弗莱夫园干了5年的酿酒师,所以是从实务中学到了酿酒的手法。比罗本来是在北方夜坡的佛内(Volnay)及波马(Pommard)酒区酿制红酒,1993年很幸运地继承了4座普里尼一级酒园,开始跨界酿制白酒,这是因为其姐姐嫁入了前文提到的本地著名的苏希酒庄家族才获得此继承权。

比罗酒庄因此在整个勃艮第区拥有10公顷多的园地,但分成21块小园区,其中只有3个园区的面积超过1公顷(不到1.5公顷)。4座普里尼一级酒园的面积约为2公顷,年产量低于1万瓶,只有7000~8000瓶,树龄接近50岁。

我们品尝的2006年份的比罗酒也是清淡口味,比上一瓶康贝特酒更飘逸,若不是有较明显的奶油香与橡木香气,我会误认为这是顶级的夏布利酒(Chablis)。搭配潮州菜也毫不逊色,我们以之佐配清蒸笋壳鱼、冬菇焖鹅掌,都能与鲜味较浓的蒸鱼和口感丰腴的鹅掌产生“不夺味”的互补。潮州菜除了可搭配德国莱茵河新潮的葡萄酒外,对于不嗜甜味的朋友,普里尼酒当是不二的选择。

在普里尼酒村,我曾经度过了两天的美好时光。当时,我曾刻意去找寻在普里尼酒村难得一见的普里尼–梦拉谢红酒。因为夏商内酒村虽然也产一级以及地区级的红酒,且产量和白酒接近五五开,但

这是在欧洲地中海周边各国都流行的淡菜(台湾人称之为孔雀蛤,香港人称之为青口),是一般平民家常菜。不论用番茄或白酒拌炒,还是用橄榄油轻微翻炒,都是佐酒的美食,用普里尼来搭配就太过奢侈了。这道菜也是我在德国当穷学生时每次去意大利餐厅打牙祭时必点的一道“奢侈菜”。

〔**艺术与美酒**〕

这是法国画家荷西·佛拉帕(José Frappa,1854—1904)在19世纪末所绘的《唐·培里侬神父》。身披着圣本笃教会袍服的神父旁坐着一名手中拿着一串红葡萄的老神父，即唐·培里侬神父。本画现藏于酩悦香槟公司，作为镇店之宝。

口味我嫌太淡而不吸引人。普里尼村的红酒则较稀罕。原来，普里尼酒区最北部的香吕末(Les Chalumaux)及香干区也种植有黑比诺，但产量甚少，每年不过五六千瓶左右，比同属一级酒的伏旧园白酒还要稀少。我曾在拙著《酒缘汇述》中提到过这款优美的白酒(参见《秋色赋酒——以杏黄枫红佐伴法国伏旧白酒》一文)。无独有偶，一般观念认为只产白酒的法国卢瓦尔(Loire)河大名鼎鼎的普伊·富美(Pouilly-Fume)酒区，也生产极少量的红酒，但并不外销，酒客们除非亲访此酒区，否则无缘享用此款红酒。我也是在当地布尔日(Bourges)市一个普通法国餐厅的酒单上发现了这款地区酒（索价20欧元）才首次开荤。只觉得味道平平，没有普罗旺斯玫瑰酒(Tavel)来得强烈，但也没有令人不悦的酸涩味。作为消暑解渴的佐餐酒，价廉就是优点，夫复何求？

我对普里尼红酒质量的信心倒是很高的，但我寻遍各酒店都没找到一瓶。俗语说“出处不如聚处”，在生产地找东西不如在销售地找来得快。看样子，我得到巴黎或伦敦才有可能寻得此“红少女”，可我在这两地也从未发现。读者朋友们下次如有勃艮第之旅，不妨留心此佳丽的芳踪！◆

25

匈牙利酒庄行旅

霉菌的天堂

提到匈牙利，爱酒的人士马上会想到由宝霉菌葡萄酿成的阿素(Aszu)酒，以及强劲有力的“公牛血”。这两款红、白酒，是标标准准的匈牙利国宝酒。今年阳春二月，我去德国时路经匈牙利，顺便拜访了匈牙利盛产阿素酒的托卡伊(Tokaj)区，领略到匈牙利酿酒的习俗、执著与改变。

匈牙利这个位于中欧古战场的国家，位于亚洲与欧洲的交界处，从汉朝时代的匈奴、元代的蒙古人，到明代的土耳其阿拉伯人，入侵基督教的世界时，都会在此“东西大战”一番，更不要说这里还是北欧势力入侵中南欧的必经之处，使得匈牙利两千年来一直是充满兵戈之气的地方。

流风所及，匈牙利民风强悍，连饮食都是重口味。男男女女喜欢吃用红辣椒粉(Paparike)烹调的食物(这种洋式的辣椒粉只有中国四川产辣椒粉的微辣程度而已，连小辣程度都不到)。最有名的菜莫过

匈牙利传统的酱料——红辣椒粉。

于红辣椒粉煎多瑙河鲤鱼。这一道匈牙利国宴名菜,是用新鲜的多瑙河鲤鱼鱼排以橄榄油煎香后,加入红辣椒粉,再加上已炒好的红或青或黄椒片、蒜头及火腿肉制作而成。多瑙河的鲤鱼和莱茵河的鲤鱼一样,属于肥胖型,和中国鲤鱼瘦长型不同,每尾鲤鱼长不过30厘米,圆鼓鼓的身材使得肉质极为肥美。加上河底多为卵石,没有泥土味,因此雪白的肉片配上鲜红或橙黄的彩椒、够劲的辣味,颇有四川回锅肉的气势。

遇到不喜欢吃鱼的朋友,热情的匈牙利人会奉上他们得意的卷心菜肉卷。这是将巴掌大的卷心菜卷成春卷大小,包入碎猪肉,而后与红辣椒粉共煮,再加上若干酸菜,是一道既饱胃又辛辣与芳香并存的好菜。尤其是肉卷内已经加入了好几味香料,以及西欧人避之唯恐不及而中国人却不会丢弃的肥猪肉丁,这款卷心菜肉卷想来一定能在中国的美食界获得知音。

匈牙利的名菜——红辣椒粉烩卷心菜肉卷。

另一道国宴名菜匈牙利牛肉汤(古拉西,Goulashi),是用牛骨汤熬煮碎牛肉,再加上厚厚的红辣椒粉,用月桂叶调味而成,也是一道强劲的汤菜。匈牙利人一手撕下硬面包,蘸上古拉西,一口喝酒,颇有山寨大王的气概。

另外,匈牙利人也由古拉西牛肉汤发展出另一款无辣的牛肉汤,相当于我国的清炖牛肉汤。将切得如拇指般大小的条状牛肉,用牛骨汤熬煮后,加入红萝卜及月桂叶,汤头滤得清清的,口感丰腴。这是专给不喜欢辣味的食客所做,也是最受外国游客欢迎的一道汤食。

在葡萄酒方面,首先应当试试世界闻

名的阿素酒。距离布达佩斯约2个钟头的车程、不到200千米的东北角有一个名叫托卡伊的地方，因为早上潮气重、云雾弥漫，中午阳光普照，晚上冷风习习，使得当地葡萄很容易感染一种灰白色的霉菌。以往酒农都把这些被感染的葡萄丢掉。1617年，有一个名为罗可齐(Rokoczi)的贵族酒园，因为土耳其军队的入侵，工人四散而没有采收，以致于整园葡萄都烂透了。园主把死马当活马医，用烂葡萄酿酒，没想到却酿出另一种风味的甜酒，阿素酒于是诞生。这个典故也在德国约翰山堡上演过，只不过是另一个版本罢了！

整个沙皇时代，阿素酒成了皇室的御用酒，每一餐后的甜点，都以阿素酒作为配酒。整个斯拉夫地区也早已熟知阿素酒的盛名。

阿素酒给落后的匈牙利酒业捧来了亮晶晶的银子。匈牙利酒农也自己摸索，从实践中总结经验，创造出截然不同于德国与法国甜酒的另一套甜酒系统。这套系统困惑了许多爱酒人士。想当年，我也是费了好大劲，才摸清楚了匈牙利复杂的阿素酒体系。

匈牙利人把国宝阿素酒作为对贵宾的款待。阿素酒的登峰造极之作为艾森西亚(Essencia)，也可称为精华酒。酒农把长了霉菌的葡萄放进一个大桶，这个大桶的容量为1000～5000千克不等。然后利用上面葡萄压挤下面葡萄自然地出汁，并收集起来，变成“精华液”。此汁液经过3～4年的自然发酵后，才成为艾森西亚。出汁率大概为2%～5%不等，顶级的可能只出汁1%，而德国顶级的枯萄精选(TBA)的出汁率则达10%。

绝大多数留在大桶内的阿素葡萄已成为烂糊状，留下不少汁液及糖分。它们不会被浪费，会被再用来酿酒。由于浓稠度太高，酒汁不够，酒农会掺入新鲜、没有阿素葡萄的酒汁，掺入的比例是以一个酿酒大桶（150千克上下）使用多少小桶(Puttonyos，可装20～25千克)的阿素葡萄烂糊为准。一般至少要3桶；进入行家品赏层次的则是6桶(6 Puttonyos)；如果

匈牙利国宝酒庄——佩佐斯酒园。

全部以阿素葡萄来酿成，不添加任何酒汁，为8桶或10桶，名称则提升为阿素·艾森西亚，这相当于德国的枯萄精选。

精华酒是自然出汁而非机器压榨，要花去好几年的工夫，这种标准的慢工出细活，流出汁液的糖度高得吓人。依照匈牙利酿酒法，每升酒汁的糖度必须要达到450克才能酿成精华酒。这是全世界最高的标准，德国的枯萄精选法定标准也只有350克，相差达100克之多。

慢工出细活的代价便是高价。一瓶上好年份的精华酒，要经历将近10年才能上市。早在18世纪时，此酒就被认为是春药，只有王公贵族才买得起。而酒窖中库藏多少精华酒，也是整个奥匈帝国时代权贵人士“比炫”的标准之一。

第二次世界大战结束后的1947年，被认为是精华酒“告别酒坛”的一年。一瓶半升装本年份酒上市后，纽约行情一路飙到400美元。此后，匈牙利只生产阿素·艾森西亚，价钱也不便宜，1957年份酒也要250美元，本地根本消费不起。

直到1990年以后，匈牙利改革开放，才造成精华酒的“文艺复兴”。许多酒厂及酒评家（如英国的Hugh Johnson）都前往投资，匈牙利的酒业一片兴旺，精华酒重出江湖。最引人注目的是佩佐斯（Pajzos）酒园在1993年酿出了全世界品酒家暌违达46年之久的第一支精华酒。这支酒光是自然流汁便超过3年，而后四成在新的橡木桶、六成在不锈钢桶内再经过长达4年的发酵后才上市。佩佐斯1993年份精华酒上市后立刻举世震惊。其平均糖度高达每升 497 克，超过法定标准近 50 克，若干葡萄甚至有高达 600～800 克的糖度，简直不可思议。德国最有名的酒评家苏理曼(Mario Scheuermann)在其 1999 年出版的著作《本世纪的名酒》(Die Grossen Weine des Jahrhunderts)中，把 20 世纪每个年份都选出一款最精彩的酒作为“年份代表酒”，其中 1993 年便选中了佩佐斯的精华酒。佩佐斯精华酒无疑成了匈牙利精华酒的“天王”。我也把此款酒选为拙著《稀世珍酿》的“百大”之一。

2008 年 4 月春寒仍重时，我有幸造访了这个闻名世界的酒庄。佩佐斯酒庄位于托卡伊镇以东 40 千米处一个名为沙罗史巴塔克(Sarospatak)的小村庄。在这个人数仅有数百，孤寂、停滞的小村庄里几乎没有什么商业的活动。位于一个拥有近 900 年历史的老教堂旁的佩佐斯酒庄是一座外表朴实且像是欧洲一般酒庄的现代化建筑。通过一道小门，我们进入1 千米长的地下酒窖。在这里我们才内心一动：好一个霉菌的天堂！在欧洲，我也看到过不少酒庄的老酒窖中会布满蜘蛛网或霉菌，例如德国莱茵河畔的历史名园约翰山堡(Schloss Johannisberg)以及法国勃艮第著名的布歇父子园(Bouchard Père & Fils)，但比起佩佐斯酒园，那些酒窖内的霉菌简直是小巫见大巫。佩佐斯的霉菌，简直是以“目中无人”的方式在滋长。

只有在佩佐斯的地下酒窖，才可一睹霉菌的千奇百怪或是千姿万态。先以

1993 年，除了佩佐斯酒庄出产的精华酒外，另外一个重新翻修成功的迪斯诺克(Disznoko)酒园也酿出精华酒，总产量也仅有 374 瓶，本瓶编号为第 47 号。我对此款酒的评价为：浓稠度、果香都较佩佐斯酒淡，酸度较高，均衡至极，绝对是极品精华酒！

佩佐斯酒窖中还珍藏有1868年份的阿素酒。

色泽而言，一般宝霉菌长在葡萄上是以灰、白色出现的，但地窖中的霉菌却有绿色、乳白、黄色、琥珀色甚至是红色的。再以形状而言，有呈现片状、丝状、绒毛状、整串葡萄似的球状，也有呈现钟乳石的下垂尖形状。更令人不可思议的是，当我看到地窖角落有一片光亮的水渍时，暗想地窖仍不免渗水，用手触探了一下，居然是黏稠的胶状霉菌（令我不觉想起电影《异形》），虽然不免恶心，但幸好鼻中却嗅不到令人心闷作呕的腐臭味，而是轻柔葡萄般的窖气，因此不觉步伐有何沉重并有加快的欲望。

走在这完全自然滋长的霉菌隧道之中，我切实感受到了什么叫岁月！这些霉菌和它们的祖宗们在此潮湿、黑暗的处所中，伴随着一代代人所酿出的美酒，度过了500年的岁月。

参观完了霉菌隧道，走到了尽头，赫然看见走道中已排好一张长桌，桌上铺好了白布、酒杯及面包，原来好客的庄主已经邀请了酒区15家酒庄的主人一起品尝各自酒庄的得意作品。酒桌旁还特别安排了一位当地知名的小提琴家马加（Zoltan Maga）演奏李斯特的匈牙利舞曲。这位小提琴家恐怕真有吉卜赛人的血统，演奏的技巧绚烂不说，演奏时情绪高昂，高潮时甚至把琴弦都拉断了，还在冒烟的断弦岂能不把气氛High到最高？

最吸引人的，当然是1993年份精华

酒:有蜂蜜、柑橘、蜜饯、菠萝等的香甜,也可嗅到不知名的花香,但入口极为黏稠,带有明显的酸味,也正是这种酸味可以让精华酒更陈年,绝对保证可以陈上100年之久。酒精度只有4.7度。当年产量只有5000瓶(半瓶装),每瓶市价超过400欧元(法国巴黎拉法耶百货公司美食部定价为412欧元)。

除了一瓶难求的精华酒外,佩佐斯酒庄还推出了冰酒,同样令我大开眼界。本来托卡伊地区只生产阿素酒,但园区内还是有大约2公顷的葡萄长得既好又没霉菌。而1月初会下雪,因此园方自1998年开始酿出极少量的冰酒,酒面市后立刻受到市场青睐,也提升了园方的信心。

2003年是迄今为止第二次酿造冰酒。当年1月9日清晨,当地气温一下子降到零下9摄氏度,这正是酿造冰酒的绝佳温度。2003年总共只酿成1500升,装成标准的小瓶装(375ml)4000余瓶,也是一瓶难求。我怀着极大的好奇心品尝了这款由富尔民特(Furmint)葡萄所酿成的冰酒。稻草黄色、入口的蜜饯香味,颇似由雷司令葡萄所酿成,虽然仍不及莱茵河冰酒的饱满与复杂,但和市面上尤其是各国机场免税店内泛滥的加拿大维达尔(Vidal)葡萄酒一比,其高雅飘逸的特色便可立分高下。

造访了托卡伊区后,我在返回布达佩斯的路上顺道拜访了匈牙利另一重要酒区马特拉(Matra)山的马特拉酒庄。马特拉山高不过1014米,但已是整个匈牙利地区最高的山了,也早已布满了葡萄园达500年之久。近10年来匈牙利民营经济的繁荣也带动了当地外销酒业的兴盛,当地大规模开采荒地,种上了一片片的葡萄,至今已达7000公顷。然而,其中酿酒厂不过百家而已,并且绝大多数都是年产2000～3000瓶的小酒农,真正称得上有一定规模的仅有三四家。

我拜访了当地第二大酒庄马特拉酒庄。这个成立于1725年的老酒庄位于马特拉山的南方,因此遭受不到冬天的寒风,向阳坡度甚佳,使它能够达到年产1000万瓶的规模。

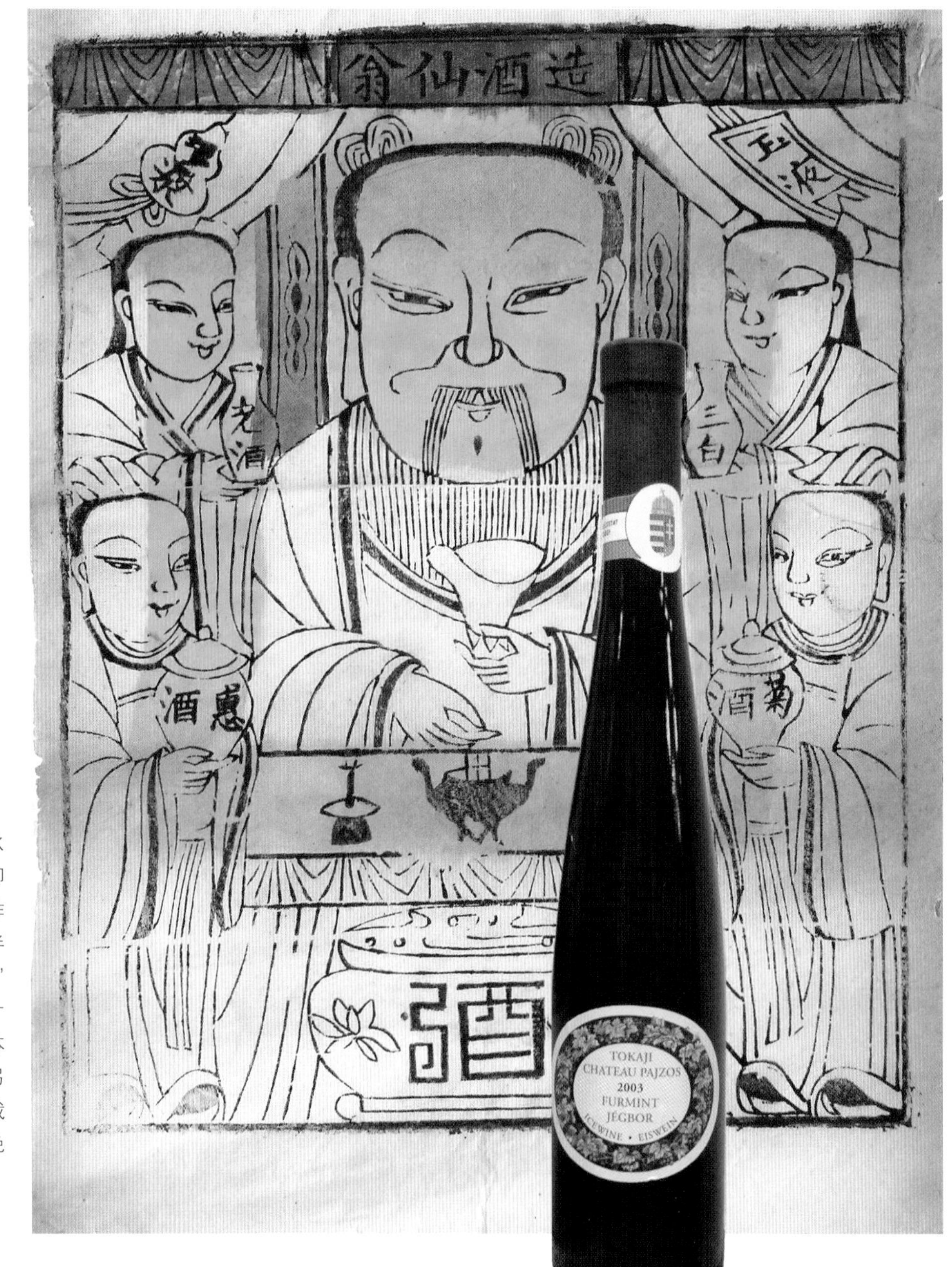

佩佐斯 2003 年份的冰酒。背景为清中期杨柳青版画《造酒仙翁》(作者藏品)。中国神仙多半慈眉善目，这个"酒仙"貌似土地公，乡土味十足。比起目前藏于日本早稻田大学图书馆的另一件同名版画，这幅我在苏州收藏到的版画色彩更为鲜艳。

当我进入酒窖后发现,在绵延1千米潮湿且长满霉菌的老酒窖内处处是巨大的橡木桶。走上二楼,到处布满不锈钢、可盛装数以千升计的酒桶。再走上第三层楼,我们感觉简直像进入了现代化工厂:一连串可容纳50万升的巨无霸不锈钢酒桶,乍看之下,让人还以为是太空火箭!而且所有设备都是全自动装置,显示出本酒厂巨大的酿酒产能。原来,在计划经济时代,匈牙利每年要向苏联"老大哥"提供1亿瓶葡萄酒。本酒厂便被指定需完成1/10,也就是1000万瓶的"生产指标"。因此,匈牙利政府才会投下巨资,把这个老酒厂更新为工业化的大酒厂。

随着匈牙利的自由化,本酒厂失去了国家的经济支持以及苏联固定的订单,经营陷入困境,10年间转手5次之多。在酒窖内,负责人马可先生指着一整排空的地方笑着告诉我,这是他准备将来酿制专销给中国台湾的酒的酒桶预留地。我估算了一下,至少可以装50万瓶,看样子马特拉酒庄的志气果然不小。当然我心中也替他

(上)匈牙利的酒窖中到处霉菌滋生,连桌上的调料瓶都不放过。这个精彩的霉菌瓶摄自马特拉酒庄。

(下)马特拉地下酒窖中的霉菌与酒桶。

捏把汗,这位老兄对台湾红酒市场的估计太乐观了!

我在酒庄中一共品尝了14款不同的红、白酒,由最传统的本地卡法兰克斯(Kekfrankos)红葡萄、塔蜜丽(Tramini,这是阿尔萨斯Gewürztraminer葡萄的亲戚)

白葡萄，到新潮的外国葡萄，例如德国的米勒-土高、霞多丽、灰比诺(Pinot Gris)、梅乐、赤霞珠葡萄等近10种之多，显示出本酒庄已打算进军国际市场。这些酒的口味平顺、香气宜人，是颇佳的佐餐酒。尤其是出厂价都可望维持在5欧元左右，相信可以在外销市场占有一席之地。

储藏有陈年美酒的酒瓶，也沾满了霉菌。

既然来到布达佩斯，我当然不会错过品尝传统的“公牛血”(Egri Bikaver)。“公牛血”产自马特拉山东边的伊格尔(Eger)小镇。这个拥有17座巴洛克教堂、无数温泉的小镇，也是一个酿酒区。“公牛血”乃标准的土酒，是以当地色深、皮厚、可耐寒的卡法兰克斯葡萄为主，再掺以许多当地其他葡萄酿成，是标准的“杂酿酒”。

这种杂酿酒正如同罗讷河地区的教皇新堡酒可以用上13种不同的葡萄来混酿一样，绝对不是只为了品酒行家口味，而是为了酒农的生计：有什么葡萄就酿什么酒。因此，在“公牛血”中闻不到橡木桶的幽香，也没有顶级酒醉人的花香。它像烧刀子般，在让人一饮而尽的同时，也让酒精充满全身。“公牛血”的诞生也和16世纪匈牙利人与土耳其人征战的历史连在一起。1552年，6万土耳其大军由巴尔干半岛杀到伊格尔城，匈牙利将领伊斯凡(Dobo Istvan)率领2000将士死守了38日后，准备突围。由于双方力量悬殊，决死突围前，伊斯凡将军将所有军民窖藏的酒——主要是卡法兰克斯酒——搜集起来，混在一起，分给军民饮用，来提高士气。果然，强劲的酒力鼓舞了军民的斗志，一举突围成功。如今，酿造“公牛血”的酿酒师都会佩戴一个令人骄傲的臂章，臂章上的人物是一个马上的骑士。这让我想起我国战国时代田单的“火牛阵”出动前，田单也是将全城搜集而来的酒食分诸将士，将士酒足饭饱后面涂红彩，状似妖魔，才得以突破敌阵。看来“背水一战”的故事中外皆不缺！

在整个“冷战”时代，“公牛血”都被作为苏联的“战略用酒”，供给全东欧以及苏联势力范围之用，所以总共有22个葡萄酒产区、14万公顷葡萄园、年产量可达到近6亿瓶的匈牙利只生产这种粗犷廉价的红酒，无暇再顾及专给“权贵阶级”享用的高级阿素酒。

20世纪90年代以后，匈牙利的自由化之风也吹进了酒园，酒庄的外来投资促使匈牙利引进所有国际葡萄品种，赤霞珠、梅乐、黑比诺、霞多丽、雷司令……无一不备。现在，所有新种的葡萄都已经达到17年的黄金树龄，匈牙利酒开始焕发出新生机。

酿造“公牛血”的酿酒师所佩戴的特别臂章。臂章中为一位中世纪的骑士，诉说出“公牛血”的历史渊源。

传统的卡法兰克斯葡萄也被赋予了新生命——“超级公牛血”，是将优秀的卡法兰克斯葡萄精选后，放到橡木桶中醇化。“公牛血”自此摆脱了贫穷的命运。

我尝到的这款顶级的“超级公牛血”是2005年份的美仑可（Merengo）“公牛血”，出自一个野心勃勃的新酒庄圣安德烈斯(St. Andres)。因为看中了国际市场喜欢波尔多式的混酿法，圣安德烈斯酒庄推出这款顶级的美仑可。这是以50%的卡法兰克斯葡萄，混入梅乐、赤霞珠以及少数

匈牙利顶级的“公牛血”——圣安德烈斯酒庄的美仑可。

的品丽珠葡萄酿制而成。酿成后会在全新的法国橡木桶中陈年达15个月之久，具备了进入顶级酒行列的本钱。

光从外表就可看出本酒的高贵气质，它已经完全告别“乡巴佬”的形象。以我品尝的2005年份为例，颜色深桃红近红宝石色，优美至极，很容易和新年份的勃艮第酒相混淆。入口后的淡淡梅香味，也易被误认为是黑比诺所酿，但中等的平衡酒体与柔和的丹宁便类似波尔多的口味。果然这款在匈牙利定价约为40美元的“超级公牛血”，已经使匈牙利酒蜕变为“浴火凤凰”。我们应当祝福匈牙利美酒的前景，并为之喝彩！◆

26

进入香槟的绮丽世界

克鲁格的奇妙香槟

红酒、白酒及香槟，构成葡萄酒这幢大厦的三根支柱。在品酒的次序上，香槟一定是走在最前面的。没有任何一个正式的品酒会不以香槟为前导，也因此没有一位品酒家会忽视香槟的重要性。

比起红酒与白酒，香槟是最容易上手的，但却极为“难精”。我记得不久前在台北的一个品酒会上巧遇一位极著名的女作家，她刚开始沉迷于葡萄酒。她自言：“只爱上香槟酒一款而已！”在旁的多位资深品酒客听到这句话，莫不哑然失笑：“好一个迷途的羔羊！”

进入美酒世界的次序，以难易程度而论，先是甜白，后是干白，而后是干红；再以产区来讲，又可先由“新世界”、波尔多、意大利、勃艮第……一路喝起，年份则由新年份喝到老年份；最后一关才进入香槟的领域。

为何要把香槟放到品赏的最后阶段？理由很简单：绝大多数品牌的香槟，口感相差不多，正如日本清酒一样。但是，进入顶级的香槟领域后，就是各家酒庄看家本领的天下了。不要小看在这数以万计的小泡沫中夹带的细腻香气、小水珠，它们冲击口腔带来的纤细触觉感的不同，才是分辨出这些最细致差别的关键所在。所以，香槟酒庄的产能动辄上百万瓶，却能有各家绝活，若没有历经多年红、白酒的历练，

是无法分辨出来的，因而往往会导致感觉每款香槟的口味都是一样的结论。

品到香槟，已是品酒的最后阶段。但要攀上品酒金字塔顶峰，那就非要陈年老香槟不可。我在台北一位品酒同好的老弟不久前告诉我，他已爱上了老香槟，我只能够恭喜他："迈上破产的第一步！" 果不其然，几个月后，他的热度果真降低了！香槟是干白中少数能够在酒窖中存活超过半个世纪的。干白中比较能耐藏者，当属法国罗讷河玛珊（Marsanne）以及胡珊（Roussanne）葡萄酿出的白酒，特别是由大酒厂夏波地（Chapoutier）所酿制的萝蕾（L' Orée），可以陈放六七十年。虽然没有办法提升其香气及口感，但陈年的顶级香槟反而会在仿佛新烤出的面包香气中散发出淡淡的花香、细致的泡沫以及略带太妃糖的淡淡甜味，绝对令人入口难忘。要爱上老香槟，又不会拼得荷包瘦，是很难的事呢！

克鲁格无年份的普通香槟已经极为精彩。

谈及香槟，不能不提到独领香槟风骚的克鲁格（Krug）香槟。3 款克鲁格构成了现今香槟世界的 3 颗巨星，不可思议的是，它们都获得"第一"的称号：分别囊括了"无年份香槟第一"、"顶级香槟第一"以及"奢华级香槟第一"的桂冠。

早在 1843 年，就有一位来自莱茵河地区的德国人约翰–约瑟夫·克鲁格（Johann-Joseph Krug）来到香槟区，一头栽进了香槟酒的行业，一代接一代经营，直到五六年前才被国际奢侈品集团 LVMH 收购。

LVMH还拥有酩悦香槟,俨然已成为香槟界的“天王”了。与其他香槟年产多达百万瓶相比，克鲁格仅有25公顷左右的葡萄园,每年生产6款、近50万瓶各式香槟,款款都是香槟迷不愿意错过的精品。克鲁格也向其他果农收购,酿造没有年份等级的普通香槟。

无年份的——虽然酒标自称为“特级”(Grand Cuvée)——都是普通级，而不是顶级香槟。在所有属于非顶级的香槟(即无年份香槟)中,克鲁格香槟以醇厚的口感取胜。普通级的克鲁格有着令人着迷的绿色瓶子以及金色的瓶顶封签,外表高贵，价钱也是所有非顶级香槟中最高的,市价经常达100美元以上,与酩悦香槟顶级的唐·培里侬(Dom Pérignon,台湾称为“香槟王”)的市价差不多。这是本酒庄“大师出手”的代表作,正如同川菜大师露一手麻婆豆腐的功力一样。

现仍在酒庄担任酿酒主任的第六代传人Oliver,曾以“教宗本人既是神父,也是教宗;劳斯莱斯厂也能制造一般中价位的汽车”的理念坚持酿出所谓的无年份一般香槟。这款无年分香槟的特色有三:

第一,是在小橡木桶中发酵,所以可获得较多的橡木香气。

第二，使用极高比例的陈年基酒。一般酒庄酿造香槟酒多半以当年酒为主,只掺进部分陈年酒，以获得浓郁的酒体。遇到好的年份，酒的质量好，就留下作“年度香槟”,这导致年份越好,留下供作日后一般（无年份）香槟中的陈酒就越少。克鲁格酒厂却反其道而行,年份越好时，酒厂反而留下绝大比例作基酒。以1985年及1988年两个最佳年份为例,克鲁格分别留下49%及59%的

优雅的顶级克鲁格香槟。

号称“香槟中的劳斯莱斯”的美尼尔园白中白香槟。背景为中国台湾最重要的水彩画家王蓝的作品《南国水乡》。

比例留供基酒之用。本酒庄的香槟基酒一般会由20～25个园区采收的葡萄分别酿成五十几种酒调配而成，再掺入35%至50%的陈酒。如此高比例的优质甚至顶级陈酒，皆为6～10年的成熟酒，无怪乎其中会有极浓稠的烤吐司、太妃糖及干果的芬芳香气。

第三，陈年甚久才上市。克鲁格酒一般最快也要6年才上市，而其他一般酒庄的香槟多半在一年半至二年即成熟上市，口味的丰腴度自然有极大差异。

在所有年份香槟中，克鲁格被誉为是最长寿的年份香槟。这款在小橡木桶中发酵且在最好的年份才生产，平均每两三年才能遇到好年份所酿出来的香槟，必须在酒窖中熟睡10年以上才上市，因此一上市马上就被抢购一空。上市价自然反映出其稀有性，平均约为200美元以上。例如1998年份在10年后的2008年年底才上市，美国市场即定价350美元。克鲁格的年份香槟有极为细致的泡沫与浓郁的酵母香气，一般认为已经超越了佐配轻淡食品的层次，可以佐配红肉等浓郁口感的食物，但仍以空饮细品为宜。

在酿造香槟的3种葡萄中，只有一种葡萄霞多丽是白葡萄，另外两种葡萄黑比诺及莫尼比诺（Pinot Meunier）都是黑葡萄。黑葡萄取其果味浓郁、酒体实在厚重、芬芳且具陈年实力；霞多丽则取其花香气、较酸的轻盈口感，冰镇后会产生宜人的夏日气息。香槟的酿酒师便是能够巧妙调和这3种葡萄的口味，使其彻底互补，且每年不论葡萄的收成如何，口味基本上不会相差太远的魔术师。可以想象，由数十至数百桶葡萄的发酵汁，以不同比例勾兑出一定口味的香槟，这是多么神奇的工作，而其中最神奇的一种便是“白中白”。

全部由昂贵的霞多丽所酿成的香槟便称为“白中白”(Blanc de Blanc)。这种香槟保存了霞多丽的果香以及较高的酸度，没有较重的口感，有着令人非常着迷的飘逸气息。最受人欢迎的白中白香槟是本园的美尼尔园(Mesnil)香槟。美尼尔园如同所有勃艮第酒园一样，以前都是天主教会的产业，直到1750年才被民间人士买下。克鲁格酒园在1971年买下了这个仅有1.8公顷的霞多丽葡萄园，并在1979年推出了第一个年份的白中白。年产量只有15000瓶的白中白立刻征服了法国品酒界，尽管售价高达500美元以上，但几乎很少外销。

我犹记得第一次购得美尼尔园，是在1997年的夏天，在香港尖沙咀的人头马专卖店。据店主称，一年才配售一瓶而已。当时一瓶1983年份美尼尔园的售价相当于接近半打的波尔多五大酒庄酒。每瓶美尼尔园都装在一个巨大的木制盒中，显示出高贵不凡的身价。美尼尔园因此被称为“香槟中的劳斯莱斯”，它是奢华级香槟中最贵的一种，拙著《稀世珍酿》也将它列入世界“百大”之中。

克鲁格近年来看准了国际奢华市场的前景，也看到了M型社会惊人的消费能力，因此在1992年又买下一个比美尼尔园更小的顶级酒园丹波内酒园（Clos d'Amdonay）。这是一个种植黑比诺的老葡萄园，克鲁格因此推出一款全由黑比诺所酿造、号称“黑中白”（Blanc de Noir）的顶级香槟。由于园区只有0.68公顷，这款香槟每年最多只能酿造出3000瓶。1995年份的酒迟至2006年才上市，结果真正是“一瓶惊人”！每瓶价钱高达3300美元，创造了世界新上市香槟酒的新纪录。

克鲁格的黑中白售价如此高昂，已经不是“奢华级香槟”所可形容，也不是巴黎及欧美时尚界派对所饮得起的，难怪有人挖苦道：“迈阿密的毒枭们很高兴又多了一种选择——他们已经喝腻了勃艮第的梦拉谢，谢谢克鲁格给他们送上了黑中白！”这个挖苦想必不会影响欧美社会金字塔最顶端人士的选择吧！

尽管如此，我仍十分欣赏黑中白酒瓶设计的高雅，一袭深蓝色的设计，果然富贵逼人。

我在《爱丽舍宫的餐桌》一书中发现了有关克鲁格香槟的一些有趣记述。原来，法国总统府在爱丽舍宫举办国宴时虽然必备香槟，但唯有重要国家领导人来访且法国有意表现出最高诚意时，才会以克鲁格香槟招待。例如,1992 年 6 月 9 日为英国女王举行的最隆重的国宴,1993 年 1 月 3 日法国为布什总统最后一次以元首身份造访法国所举行的国宴，以及 1994 年 10 月 3 日日本平成天皇及皇后与法国总统的三人午宴，都是以克鲁格伺候。注意,这些克鲁格仍只是无年份等级,没提供年份香槟,只是以“两瓶装”(Magnum)代表更大的敬意而已。法国国宴的“大小眼”又可以从上述天皇国宴看出:同一次国事访问,爱丽舍宫招待整个代表团时提供的是唐·培里侬香槟，但在只有两国元首的三人午宴时则改用克鲁格,即可知其待遇之差别了!

克鲁格香槟既然走的是金字塔路线,自然不在乎一般泛泛酒客。酒厂一贯保持孤傲,自绝于游人俗客。一般香槟酒厂无不希望被列入旅游景点，让人潮刺激买气,何况香槟本来也就是欢乐气氛的助燃品，但克鲁格偏偏要孤芳自赏。我曾在 2009 年夏天造访酩悦香槟酒厂,厂方派了一位来自台湾的小留学生担任讲解。据这位年轻讲解员叙述,克鲁格香槟已经和酩悦香槟成为关联企业,但连他这种酩悦的讲解员也未能获邀参观克鲁格香槟酒厂,克鲁格的门禁森严可见一斑。

在我看来,克鲁格香槟的高贵品牌声誉可以维系至少二三十年而不坠!其每年只产 50 万瓶,是其他名厂的 1/10 不到。即使无年份的克鲁格,也具有十足的陈年实力,而年份香槟则具有十足的增值潜力,所

全世界最昂贵的克鲁格黑中白香槟。

〔**美酒与艺术**〕

《在美心餐厅里的酒吧》:这恐怕是关于香槟奢华文化最有名的一幅画，作者为嘉兰(Leon-Laurent Galand)，绘于1899年，为典型的新艺术风格。画中表现一位衣装笔挺的中年绅士，在巴黎顶级的美心餐厅(Maxim)的酒吧间向一轻佻美女搭讪。美心餐厅正是英国黛安娜王妃出事身亡前最后造访的饭店。画中酒架上陈列着成排的酒瓶，整幅画散发出19世纪末慵懒浮华的气氛。可惜美女手中握着香烟,倘能握着香槟,那就更优雅了。

以任何款式的克鲁格香槟都值得投资收藏。酒友们何不分散投资,勇敢搜集各款克鲁格,让您对未来的“不知何日何时”的开瓶享用,也多几分期待呢?◆

27

徽菜尝新

黄山石鸡佐酒记

2007年3月1日，我有一趟上海之行，应邀赴华东政法大学作一场学术演讲。刚好在上海召开了一个国际葡萄酒博览会，蒙大会秘书长郝琰明女士的邀请，担任大会嘉宾，并与上海最著名的葡萄酒专卖店葡园贸易公司董事长、来自台湾的阙光伦先生共同主持一场关于在中国大陆推广葡萄酒文化与市场的演讲会。趁着这个机会，我拜访了数十家来自世界各国的葡萄酒商，尝遍了这些想要进入中国大陆消费市场的各式葡萄酒。令我吃惊的是，其中九成以上的酒我在台湾都没见过，且多半属于中低价位。看来这些酒是想抢攻大陆100～200元人民币的消费市场，开创世界酒业的新希望。

好客的阙光伦兄特地为我举行了一个美酒餐会（美饕会）来洗尘。与会者都是在上海从事进口葡萄酒的业者及酒评家，包括一位很有正义感、敢于揭发某大葡萄酒庄年份造假的独立葡萄酒评家吴书仙小姐。每位参加者照例可携带一瓶美酒，以供大家品尝，且也负有讲解该酒的义务。

我个人最欣赏这种聚会。早在台北葡萄酒风潮还没有形成的1990年前后，我便参加过台北“唯二”的品酒会：一个是由孔雀洋酒公司曾彦霖召集的“孔雀骑士团”，另一个是由著名酒评人刘钜堂所召集的“玫瑰人生”。每个月的例行聚会,可以让我们品尝到二三十种不同产区、品种、年份的葡萄酒,既能享受到美味,也能开阔对葡萄酒天地的视野。

当我问同样是美食家的光伦兄晚宴坐落何处时,他回了我一个神秘的笑容,道:“您在台北绝对尝不到的美味之地。”结果,他领我到了一家门口雕有典雅精致的徽式石雕的饭店,我当即心中一动,好一个徽菜馆!饭店门上悬着斗大的“贵人食府”的牌匾,这的确是一家精致的徽菜馆。

阙兄说得没错,我在台北吃不到正宗的徽州菜。话说当年蒋中正撤退到台湾省时,来自各省的人士都有,所以台湾到处都有大陆南北口味的大小饭馆。而其中江、浙、皖人士来台甚多,甚至占了台湾“外省人”的最大部分,江浙菜自然也就成为台湾餐厅的主流菜色。甚至到现在,不少美食家仍认为在台北可以吃到绝对正宗的老式上海菜或杭州菜。

但是,号称中国八大菜系之一的徽菜,就似乎从来没有在台北露过面。自从我来到台北读书,至今早已超过35年,但从未听说过台北有徽菜馆。同样属于偏门菜的湖北菜,至少也曾出现过唯一的一家——湖北一枝春,提供珍珠丸子、黄豆猪肘、韭菜螺蛳等家乡口味,给“湖北佬”们解馋。

我担心自己年少见识浅,还曾特别把美食家前辈们的著作找出来,看看有没有徽菜落脚过台湾的踪迹。然而不论是号称台湾有史以来最了不起的美食家唐鲁孙先生的十余本著作,还是2006年才去世、既好吃又擅长美食史的逯耀东教授的书,以及近年来在台湾写餐厅美食最著名的朱振藩等人的著作,都没有任何一字提到徽州菜馆。所以,台湾实际上不能称为中华美食的天堂,至少中华美食的八大栋梁在台湾就少了这么重要的一根。

在台湾,来自安徽的名人也不少,至少我所服务的“中央研究院”前院长胡适便是其中之一。这位当时代表台湾学界的世界级大文学家,为何没有带起台湾享受徽菜的风气,甚至“造就”出一家徽菜馆

提到徽州，就会令人想起精美绝伦的砖雕艺术。能够将砖雕精细雕琢得和木雕一样，简直是鬼斧神工。

呢？可惜余生也晚，来不及在“中研院”内亲自请教这位“院内大家长”了！

我只在书上读到过徽菜有“三重”：重油、重酱及重火候，所以徽菜是费时、要等待的菜。贵人食府是上海最有名的徽菜馆，品酒会的朋友们特地交代餐厅，为我准备了地道的拿手菜，包括炖工一流的合肥焖野鸭、属于一品锅之流的李鸿章大杂烩、红烧双味丸、徽州鳝糊等，都是鲜嫩软滑，令人回味无穷。不过最令我举箸再三，甚至还使“众主人”请厨师给我再炒一盘独用的菜，则是黄山石鸡。提到石鸡，也勾起了我甜蜜的回忆。

黄山石鸡，也就是生长在黄山壁崖树

从中的青蛙。由于黄山地势险峻，蛙族们需要强劲的脚力才能翻山涉水，因此练就了强劲的后腿，继而成了美食家们盘中的珍馐，而一般在平地水泽中生长的青蛙，蛙腿就少了这一口劲儿。我还很清楚地记得初次品尝到这种“山神”的恩赐，是在1966年的夏天。那时，先父刚好调任到台湾省新竹县的尖石乡担任警察分驻所所长。当时我们全家人住在新竹市，父亲只身前往这个台湾著名的山地乡任职。一个台风过后的假日，父亲回来探亲，手上提了一袋父亲属下山地籍警员送给我们尝鲜的特产——尖石山蛙。这一只只体形圆硕，身上布满红、褐、青、黑及黄色条纹或斑点的山蛙十分美丽，每只足足有三四两重。尤其是蛙噪声特强，原来山蛙就是靠着洪亮的声音，才能够引得配偶，一代一代不息地繁衍下去。来自中华美食之乡广东潮州的父亲烧得一手好菜。当晚，他只用简单的老姜、蒜球油爆后，把蛙腿大火快炒，起锅前略放绍酒、白葱条、九层塔及一点老抽酱油，一整盘芳香扑鼻的“火爆山蛙腿”便完成了。父亲这前后只花了3分钟的手艺，虽然过去了整整40年，却令我至今依然口齿余香。

黄山的石鸡，之前我已经品尝过数次。我曾经四上黄山，且分别在春、夏、秋、冬四季，每次都品尝石鸡与石耳，可能是因为没有与厨师熟识，感觉不过尔尔。千禧年后，我陪同书法大师欧豪年教授一起登上冰封住的黄山。游客已走，封山后的黄山到处雪树银花，夹着不畏寒的松木，果然是一个晶莹世界，美妙极了。欧教授留下了一首诗：“黄山信美玉屏风，次日重游迷游踪。看山观云三百里，更欣迎送有乔松。”由于有当地旅游局长的陪伴，我们吃到了最好手艺的黄山石鸡，果然香嫩盈口，妙不可言。

后来我也偕家母游历了湖南张家界，二度品尝了当地的“竹筒岩蛙”，是另一版本的“湖南石鸡”。此菜和台湾竹筒虾同属炖煮口味，尽管香、嫩、鲜、滑，但蛙肉已经汤羹过水，鲜香肉质打了一个大折扣，不如黄山石鸡来得鲜滑！

去年我曾经在台北吴兴街附近的一个江浙馆满顺楼和著名的美食家逯耀东教授一起品尝该馆拿手的“霸王别姬”(鳖炖老母鸡)。当逯老教授得知我不仅已拜读他所有关于美食的文章,而且还有他年轻时热心时政的作品,例如《躍马长城》等时,显得十分高兴。我特别提到他在1992年由圆神出版社出版的《已非旧时味》中,有一篇赞誉黄山石鸡美味的小文,表示我也有类似感受,逯老当时颇有巧遇知音之感!可惜,我虽与逯老同校教书超过20年,却未有缘更早结识,且一饭之后不到3个月,在我们履行再约的饭局前,逯老便飘然仙逝。无法再与“食仙”分享其觅食经验,令我怅然极久!

此次在上海贵人食府我又重逢了石鸡。由于美饕会成员个个都是美食家,经理特别再三保证,石鸡绝对是黄山石鸡,同时也是大厨亲自下手调理,让二三厨在旁见习,所以我们都尝到了真正的徽菜手艺。

在启程来上海之前,我想带两三瓶上海不易购得的美酒,来和同好们分享。第一个想到的便是一瓶能搭配河鲜的白葡萄酒。上海美食餐厅处处有,价钱也节节高。这也难怪,上海经济的迅速发展,以及上海人的海派作风,都使得上海美食渐渐变得高不可攀。不过可喜的是,只要有心,还能够找到价廉且绝对值回票价的“本地鲜”。

近年来每次到上海,我一定会央求一位台湾艺术科班出身的老友——创扬设计公司林董事长壁章兄——替我在虹桥区桂林中路一家“千岛湖鱼馆”订张桌子。台湾吃活鱼的场合极多,不管是草鱼、黑鱼还是鲤鱼,都有一定的水准,但说到大鲢鱼,台湾就比江浙要逊色许多。原因很简单:台湾欠缺深泽大湖,而大鲢鱼需要极大的生存空间。以千岛湖而论,这个当年淹掉淳安县等两个县城的人工大湖,使数十万间民宅沉落湖底。这些民宅的墙角屋壁形成了第一流的人工鱼礁,也让鱼儿们可以躲避天敌、渔网,所以千岛湖的大花鲢动辄重三四十斤。这种尺寸的大鲢鱼,台湾只有在台风过后石门水库泄洪时才可偶尔捕到。

千岛湖鱼馆每天都可提供来自千岛湖的生蹦活跳的大鲢鱼。只要用简单的豆腐、鲜笋片、若干五花肉片、新鲜淡水鱼肉打成的软鱼丸等，把鱼头炖煮出牛奶般的色泽，即可香气四溢，美不胜收。

而此时想要搭配这种鲜度与嫩度都无可挑剔的鱼肉，唯有德国的雷司令干白葡萄酒。行前我收到了德国朋友给我寄来的一本《德国葡萄酒导览》。此导览每年将各种德国酒分门别类并加以评分。以2006年份为例，就给778个酒庄及6839款酒打了分数。从中选出最高荣誉的9家(五串葡萄)酒庄，并统计了从1994至2004年的得奖记录，我们可挑出5款表现最佳的酒庄。

名列德国葡萄酒“五朵金花”头奖的是莱茵黑森(Rheinhessen)酒区的凯乐酒庄(Keller)，共得奖71项；其次分别为莱茵高(Rheingau)的罗伯特·威尔园(Robert Weil)得奖47项，来自萨尔(Saar)的伊贡·米勒园(Egon Müller)得奖41项，来自摩泽尔(Mosel)河区的弗利兹·哈格酒园(Fritz Haag)得奖39项；最后为来自纳河(Nahe)区的邓厚夫酒庄(Dönnhoff)，得奖27项。巧合的是，这“五朵金花”分别来自德国最重要的5个酒区，没有重复，可以说是各个酒区的代表作。

“第一朵金花”凯乐酒庄来自德国13个葡萄酒区中最大的莱茵黑森酒区。占全德国葡萄酒产区总面积1/4(26000公顷)的莱茵黑森酒区，近七成是白葡萄酒。莱茵黑森酒常年来横扫德国市场，因为本产区的酒品质甚优且价格合理。凯乐酒庄是本地区顶级的酒庄，这个由凯乐家族在法国大革命爆发的当年(1789年)所购入的老园，传承至今已是第8代传人，共有12.5公顷，每年可以产出十几款红、白酒，达10万瓶之多。

凯乐酒庄中得奖数最多的，当属宝霉酒(逐粒精选及枯萄精选)、雷司令的精选级及迟摘级，以及雷司令干白。其中最令人击节赞赏的，当属雷司令干白。本酒产自达司海姆小镇上一个很小的胡巴克园区，生长的雷司令葡萄糖分极高。园方比照法国AOC(法国原产地控制)的品管限制,每公顷采酿不超过5000升,且严格控管酿制过程,不添加任何化学物质及酵母等。黑森州还特别创设一个等级,称为"大年份级"(Grosses Gewächs)。凯乐酒庄的大年份级雷司令干白"达司海姆的胡巴克园"(Dalsheimer Hubacker),便是获得了《德国葡萄酒导览》高达94分的佳绩,在德国售价接近30欧元。所谓的"干白"(Trocken),是指每升葡萄酒的残余糖度不能超过9克。这和霞多丽酒的糖度是一样的。不喜欢这种干白而希望有一点点甜味的,则可选择"半干"(Halbtrocken),每升残余糖度不超过18克,喝起来果香味足,又不至于太甜,非常适合佐拌清淡的海鲜或白肉与红肉。

和一般外国人喜欢德国甜白酒不同,一般德国的品酒客却喜欢干白。就我品尝过的2001年份及2004年份胡巴克园而言,其金黄色的美丽色泽,有一点干果的香气及淡淡的橡木桶味,入口后如丝绸般的感觉,且后韵的回甘十分明确、清澈,令人不禁想起了法国顶级夏布利(Chablis Grand Cru)的神韵。凯乐酒庄改变了世人对德国人只会酿造甜白酒的误解。一个酒园能够左手酿出顶级甜白酒,右手酿出顶级干白酒,如何能不叫人佩服?

"第一朵金花"凯乐园已如此不同凡响,另外一款名气在海外似乎显得沉寂,不过在内行的德国却是难得一见的逸品的酒,便是"第五朵金花"——邓厚夫酒庄。

邓厚夫酒庄得奖的数量虽然只有27项,但它来自于比摩泽尔河谷更小的纳河区,仅有4000公顷大,只是前者的1/3左右,酒庄也只有1500家,更是只有前者的1/5。它比德国另一个优良的葡萄酒产区莱茵高(著名的约翰山堡酒庄便位于此酒区)稍微大一点。莱茵高拥有1400余家酒庄以及3300公顷的产区。

纳河的酒多半供为国内消费,并未注重外销,因而国外多半不知其品质。在此酒区内,编辑《德国葡萄酒导览》的阿敏·达尔自家的酒园迪尔城堡园(Schlossgut Diel)享有盛名,庄主为了避嫌,所以自家产品

邓厚夫酒庄2004年份的雷司令迟摘级酒。

不列入德国酒每年的评比，但其产品几乎都可以列入五串葡萄的等级之内。

由达尔率领团队挑出的号称“纳河第一”的邓厚夫酒庄也是成园甚早的历史名园。在1750年，邓氏家族便入主这个16公顷大的酒庄。如同绝大多数德国顶级酒庄一样，本酒庄的顶级酒（包括宝霉酒及冰酒）全部交由拍卖。例如2004年份的雷司令冰酒，属于金颈级的“绝活”的半瓶装拍卖价便达250欧元；普通级的冰酒也是半瓶装，也要98欧元。不仅是冰酒，本园也挑出了最好的迟摘酒及精选级，列入金颈级，且全部作为拍卖之用，价钱比普通级高一倍。例如2004年份的普通级迟摘酒，上市后为15.5欧元，但精选级则为多一倍的32.5欧元。迟摘酒以15.5欧元而言，还算是平实的价格。至于其他产量更多的干白酒，往往价钱在10欧元以下，所以颇受雷司令爱好者的欢迎。每年约10万瓶的产量，几乎都保持一致的水准，也因此几乎每年都获得了《高米乐》杂志最高等级的五串葡萄美誉。

因此，我便决定携带两瓶2001年份的达司海姆的胡巴克园、一瓶2004年份的邓厚夫迟摘级雷司令赴上海。一瓶胡巴克准备与鱼头共享，另一瓶胡巴克则试试佐配贵人食府拿手的徽式炒石鸡——拌炒着鲜笋、木耳的石鸡滋味如何。果然，胡巴克干白并不夺味，微酸、低酒精度及水果香气，与广东人所指的“镬气”（锅鼎气）正浓的石鸡搭配得极为完美。而邓厚夫稍甜的迟摘酒口感，佐配稍带些酱味及浓厚脂肪的合肥焖野鸭，完全可以推翻“红酒必配红肉”的定律！

凯乐酒一瓶将尽，主人阙兄拿出两瓶状似法国勃艮第的白酒，原来是新从智利进口的阿麦娜(Amayna)霞多丽酒，供大家尝鲜。来自“新世界”中最耀眼的一个地区，智利酒已经成功地攻占了过去20年来澳洲酒所霸占的欧美中价位以下的市场。智利利用低廉的人工，赚饱了智利酒升级的本钱。近年来，若干酒园已经心怀壮志地摩拳擦掌，准备进攻高级酒的市场。如Errazuriz（Don Maximiano）及Vinedo Chadwick(Sena)，都具有挑战法国波尔多梅多克区五大酒庄的实力。

我不经意地试了一下这支新冒出来的阿麦娜，马上被其浓郁的热带水果如芒果、柠檬及凤梨的香气所吸引，还有淡淡的花香、十分优雅的尾韵，跟随着相当扎实的橡木味，一看就是走法国勃艮第霞多丽而非美国加州的路线。为何本酒如此丰厚澎湃？原来酒精度高达14.6度，比一般的白酒要高1～2度之多。南半球阳光的威力，也反映在酿酒师的味蕾之上。搭配上口味较重的黄山石鸡，简直天衣无缝，美极了。

回到台湾，我马上开始寻找这个西瓦酒庄(Garces Silva)出产的好酒的资料。原来这个经营饮料、房地产及投资事业出身的西瓦家族，近年才在智利中部优美的圣安东尼–莱达河谷(San Antonio-Leyda Valley)落脚。由于距离太平洋仅有14千米，海风带来足够的冷风，可以使葡萄长得更为健壮。西瓦家族资金雄厚，所以不打算进军中价位市场，故在品质上力求完美。收获期比周遭的葡萄园晚2周，使葡萄尽量成熟。产量控制在每公顷7000升，虽然比欧陆顶级酒园的5000升高些，但仍比周围园区少了1/3以上，因此每一年的产量仅有1万箱左右，属于中智利区品质最优良的好酒。其霞多丽酒，在不到7公顷的园区年产不过4万瓶(3500箱)。以2003年份为例，美国的帕克大师便给予了92分的高分。这个佳绩，大概只有加州的“白酒王”奇斯乐酒庄(Kistle)才容易获得。本酒上市的出厂价仅有25美元，但在市面上就要贵上几倍。

阿麦娜霞多丽白酒。

除了霞多丽酒外，本酒厂还有两款黑比诺和长相思（Sauvignon Blanc）酒都是值得一试的好酒。智利酒在台湾省一向是以红酒著称，白酒很少。希望有远见的进口商，能为酒友们多多发掘这个美酒的新天堂。

自从清末以来，便有人说“上海滩是冒险家的天堂”。也就是在上海，你容易看到各种大惊奇、小惊奇。此次上海之行，我邂逅了久违的黄山石鸡、千岛湖大鲢鱼，并被智利美妙的霞多丽酒所惊艳。上海果真是食客饮家们的“惊奇之地”！◆

〔**艺术与美酒**〕
品酒师的雕像：神情严肃的品酒师，双手端着勃艮第标准试酒杯——浅碟式的杯子，观看勃艮第酒的颜色。摄于勃艮第夏商内-梦拉谢酒村的皮卡酒庄。

28

中国大陆顶级葡萄酒的希望之光

波龙堡

挑在零下6摄氏度的寒冬造访酒庄，的确不是一个明智之举。酒庄是一个浪漫的名词，尤其是葡萄酒庄，它让人立刻在脑中蕴化出一片美丽的景象：望眼尽是翠绿的果园、葡萄枝蔓下垂挂着累累的果实、到处是蜂儿和蝶儿乱飞，以及令人马上会哼上几句的"葡萄成熟时"的歌句。但是，这些都是在夏秋之际的葡萄园才会有的景象。

然而，葡萄园最美丽的时刻，也就是葡萄酒农最要担心的时刻。葡萄在从结果迈至成熟的阶段，酒农要担心雨水是否过多以及霜害与冰雹，还有最令人头痛的虫害。因此打从葡萄抽穗结果起，酒农就不会有心情来欣赏果园美景，更不会有心情来招呼客人。特别是在收获时期，事关一年的辛劳是否白费，每个酒庄庄主莫不神经紧绷，严阵以待。直到将酒汁送入发酵槽完成发酵，送入醇化桶后，才能够真正地松一口气。

所以，冬天是葡萄园的土地能够休养生息、以备来年的时候。对酒庄的庄主与工作人员而言，也正是可以外出拜访客户、开拓市场并在酒庄接待访客的时候。

提到波龙堡，中国大陆的酒市对其似乎并不陌生，它是少数能够在大陆免税商店购买得到的国产葡萄酒之一。至于其质量如何，我以前只闻其名而未有尝试的机

中国顶级葡萄酒的希望——波龙堡。

会。终于，在今年1月中旬，我趁着到北京大学参加一个国际法律研讨会的空档，与波龙堡邹福林总经理取得了联系，拜访了位于房山县周口店旁的波龙堡。我们从小从教科书中知道，中国人的老祖宗是北京猿人，而猿人的化石正是在距离波龙堡仅有4千米的山穴之中被发现的。想当年，中国人的老祖宗们已经在波龙堡的土地上狩猎觅食，这是一个具有历史与考古意义的葡萄园。

这也让我想起了我曾拜访过的位于意大利拿波里非常著名的玛士托柏兰弟诺酒园(Mastroberardino)，它也是一个“考古酒园”：两千年前，意大利维苏威火山爆发后将庞贝古城埋没，后来考古学家在当地发现了罗马时代的酒园，经科学家对比基因，找到6种近似的老葡萄种，再移到此处重新栽种酿酒。由于仅有1公顷多，且分为4个小区，其中顶级的“神秘庄园”(Villa dei Misteri)年产仅有1721瓶，所以珍贵异常。我所品尝的是第一个年份2003年份的酒。强劲略带苦味的酒体、挥之不去的兽皮味、咖啡味夹杂着浆果气息，让这款老罗马酒充满了阳刚之气。我也不禁怀疑，是否当年尼洛皇帝牛饮了过量的这种强劲红酒，才会想出以火焚罗马作为佐酒之娱的疯事？

当我进入了波龙堡，我很惊讶地发现这是一个专家酿酒的酒庄。已过耳顺之年的邹教授，曾经常年担任援助非洲的农业专家，因此推崇以极科学的方法栽种葡萄。我看到在品管室中有一大堆排列整齐的试管，一问之下才知道，邹老在葡萄酒发酵的过程中，每天早上6点与晚上6点分别在12个发酵槽中取样分析一次，同时将分析结果一一记入图表。同样的，他对葡萄生长过程也进行了详细的记录。我参观过不少酒庄，从来没有看到过一个酒庄是以实验室的方式来监控酿酒过程的。当我为此询问满头白发的邹老时，他笑道："这是用研究分析来累积经验。"

这句话让我颇为感慨。一般说来，欧洲的酒庄，特别是意大利酒庄，是以艺术感及直觉感来酿酒；德国则是以科学的方式来酿酒；至于法国，则在硬件方面仿效德国，追求品管及酿酒卫生方面的科学性，而在软件方面则以经验与艺术为主导；而在"新世界"，例如美国或澳洲，因为欠缺常年的酿酒文化及经验，多以科学的方法来创造葡萄酒产业与文明。波龙堡无疑是"新世界"酿酒潮流的一支。也唯有如此，才能够在毫无葡萄酒酿酒传统的中国开创出一片灿烂的天。

波龙堡的第一个特色是"有机酒园"。当我行经房山县时，第一印象让我不免有些失望。道路交通虽顺畅，但来往运货卡车之多、高压电缆之交错，说明了此地仍为一个开发中的工业区。工业必然带来污染，所以我对波龙堡的环境捏了一把冷汗。未料，波龙堡却毅然以"有机酒园"的方式来栽种葡萄酿酒。这是一个大胆而前瞻的决定。不使用化肥与杀虫剂的缺点，就是会使葡萄的生长速度与根茎的深入地表打折扣，一句话，就是不能使葡萄迅速茁壮成长。但是，这正是波龙堡可以战胜周围环境，使美酒欣赏者安心品尝的一大保证，也使我对波龙堡产生了第一个敬意。

同样的惊讶还来自酿酒房与酒窖的

当我离开波龙堡时，刚好旁边村民正在烧山。冬天草干地燥，正是各个酒庄最担心火灾发生的时候，没想到房山的村民仍然不知此大忌，这也显示出中国大陆农村居民对于酿酒这个行业仍然欠缺概念！

整洁。在带领我们参观酿酒房时，每位都发到一个塑料鞋套，来隔离外来灰尘。酒窖中更是一尘不染，连地板上都没有一丝水分。这让我想起了去年夏天我曾拜访过的勃艮第最有名的酒窖布歇父子园及匈牙利的佩佐斯堡，都已有数百年的历史，不仅潮湿，房檐屋顶上到处是蜘蛛丝网及霉菌。相比之下，波龙堡更像是食品制造厂。然而，这却是能使本堡酒品不至于过早腐败的一大保证，也由此看出庄主对其产品的细心呵护。

白发苍苍的庄主邹教授与本书作者畅谈酿酒与品酒心得。

酒窖内醇化用的橡木桶共有300多个，其中绝大多数是全新的法国橡木桶，难怪我闻到了在欧洲顶级酒庄才会散发出的那一种橡木的特殊香气。邹老决定绝大多数的波龙堡酒都要在全新的橡木桶中陈放一年以上才装瓶。我注意到其酒窖的墙壁都隔成了一块块，每块可平放300瓶酒，刚好是一个标准橡木桶(225升)所能灌装的瓶数，因此由哪一桶酿出的酒，以及还剩下多少存量，都可以一目了然。庄主的心思之细，可见一斑。

在酿酒室中，邹老向我介绍了一台去酒石机，这是专门用于除去酒中的酒石酸的。邹老告诉我，依政府规定，必须将酒汁的残渣去除，换言之，必须是清澈的酒汁方可。我听后不禁哑然失笑。酒石酸是酒中自然产生之物，看起来虽不舒服，但在欧洲，例如德国，如出现酒石酸，就是好酒的表现。当年我们在德国当穷学生时，就知道要特别找有酒石沉淀的好酒。另外，欧美许多顶级酒庄也流行装瓶前不再去渣来赢得丰沛的果味。记得在几个月前，我和美国顶级酒庄之一的加州牛顿酒庄(Newton Vineyards)主人林淑华女士(Dr. Suhua Newton)共同品酒。林女士便是在加州第一位提倡“不过滤霞多丽”的先驱，连帕克大师都在大作《The World's Greatest Wine Estates》中特别强调了林女士对于加州顶级霞多丽酒的贡献。

参观完酒窖之后，我迫不及待想尝试下波龙堡的佳酿。邹老拿出一白三红。波龙堡在去年首次尝试栽种极少数的霞多丽，总共只有2公顷多，酿成不过二三十瓶，所以尚属于“试酿酒”。

我看到此霞多丽酒的颜色极为清澈，略带黄青色。入口是一股极为清爽、甘洌的感觉，稍带酸味，像极了法国勃艮第的夏布利(Chablis)白酒。夏布利酒是在较寒的勃艮第北边所酿造的，当地气候和北京差不多寒冷，同时也没有经过橡木桶的醇化，难怪口感极为类似。我建议邹老可以大胆酿造这款“北京夏布利”，让北京流行的川菜或湖南菜多一款可以搭配“去火”的白酒。

有300个法国新桶的酒窖，以及分桶排放的水泥酒柜，颇有欧洲酒窖之古风。

三款红酒分别是第一个年份的2003年份，以及2004年份与刚装瓶的2005年份。所使用的葡萄以赤霞珠为主。三款酒无疑都显现出使用昂贵、全新法国橡木桶的特点：极度强劲的丹宁、芬芳的橡木桶味、透露出来的花香及沉重强大的酒体。

然而，橡木桶的确是一把容易“夺味”的双刃剑，如果遇到葡萄本身不够雄壮、强健的话，很容易把葡萄的果味压过，而

山西怡园"深蓝级"红酒，酒质极为优美。虽然口味稍淡些，陈年实力也不乐观，但是外表极为典雅、高贵，是我认为在所有大陆国产酒中包装最迷人且印象最深刻的一款酒。

使葡萄酒欠缺了葡萄天然的果香与甜度。波龙堡成园不满10年，我看到酒庄的葡萄藤只有六七岁的年纪，枝干也不过拇指宽，因此属于幼年期，葡萄还未达到成年期，因此使用全新的橡木桶不免可惜。

当我尝到2004年份的波龙堡红酒时，突然感觉到酒体十分均匀，果香比2003年份浓郁得多，橡木味也不突兀，入口后在口腔中散发的丝丝甜味让人觉得2004年份的波龙堡可以达到适饮期，而2003与2005年份还得至少放上3～5年才可达到适饮期。

我怀着好奇询问邹老，是否2004年份使用了一部分的旧桶?答案果然是正确的。2004年份使用了一批2003年份用过的橡木桶，因此是一半全新、一半一年新的橡木桶，无怪乎有果味与橡木味相互平衡的优点。这也是欧美许多一流酒庄在年份不好时，减低全新橡木桶的用量来中和果味、发挥果味之长的做法。另外在好的年份，既然葡萄结构很好，在酿造副牌或所谓的二军酒时也会以一年新的木桶为主、搭配少量新桶来取得质量以及成本的均衡。

品试了3个年份的红酒，我称赞邹老，他已经成功地踏出了酿制顶级酒的第一个大步。严格限制每亩产量不超过500千克的"减果法"，便是保证成功的第一步，这也符合法国AOC的法定标准。在采收果后进行2～3轮的筛选，将是成功的第二步。愿意不惜成本地采用全新橡木桶，则是保证成功的第三步。当然，个人的

北京波龍堡蔔萄酒業有限公司
范曾题

有图为证:范曾大师的题字,用了一个别字——易“葡”为“蔔”。

建议是能够酌加旧桶的调配,可能更能济长补短。

因此,只要持之以恒,波龙堡的成功将是无可置疑的事。而且随着葡萄的年岁增加,赤霞珠等马上就要进入成年期,所以波龙堡的“黄金年代”将是指日可待。

之前我知道山西有一个怡园酒庄,由一位有心的华侨所设立,并依波尔多的严格酿酒规则,酿出了颇为顺口且在卫生与品管方面都令酒友们放心的优良葡萄酒。我曾在上海品尝过一款怡园的黑比诺酒,是酒评家吴书仙女士特别提供的怡园酒庄已不再酿制的试验酒。我对这款中国难得一见的黑比诺酒也留下颇深的印象:有浓厚的加州李、蜜饯及稍微带酸的口感,略带混浊的中等酒体。怡园旗舰级的“深蓝”红酒让人印象颇为深刻,已可属于中国第一级的美酒。

无独有偶,我在这家比怡园酒庄规模小得多,仅有70公顷,但实行更精密栽培与酿造方式的波龙堡,也看到了中国大陆酿制顶级葡萄酒的一线光明。酒庄的大方向掌握住了,成功是必然的结果。当我离开波龙堡时,心中充满了喜悦,当然也不无酩酊之感。我突然看到酒庄门口有国画大师范曾的笔迹,竟然写成了“北京波龙堡蔔萄酒业有限公司”。将“葡”写成“蔔”,看样子范曾大师也是在本堡饮得小醉之余才下笔的。◆

后记

拯救中国葡萄酒质量的“8 帖药方”

2011 年 8 月初我有一趟北京之行，与邹福林兄见了面，得知由于与合伙人经营理念的差异，他已离开一手创建的波龙堡，另创酒园，重新踏出开始酿酒的第一步。波龙堡耗费了邹兄 10 年心血，人生能有多少 10 年寒暑?波龙堡 10 年的成就为什么不能保证再创造出“黄金 10 年”?波龙堡的传奇会不会成为明日黄花?思之不觉怅然!

近几年来，我听说几家本来被寄予厚望的大陆葡萄酒园都步了波龙堡的后尘，好像顶级葡萄酒庄的“逐梦之旅”在中国大陆很容易以“黯然分手”的方式结束!

照理说，近 10 年来，以中国消耗的葡萄酒数量之巨，比起欧美各国的酒价之高，加上市面上充斥着各国名酒等客观环境，都应当能够促使本土酿造出足以在世界顶级酒坛闯出名号的顶级葡萄酒，但结果却是令人失望。一想到标准“蕞尔小国”的中东国家黎巴嫩也能够酿造出顶级的慕沙堡(Chateau Musar)，我不禁对中国葡萄酒的质量以及前景摇头叹气。

酒庄短视、速求暴利，恐怕是中国葡萄酒质量不能上进的主因。挽救中国葡萄酒的质量，只有痛下决心“走正道、酿好酒”一个选项而已。如何做?我试着抓出 8 帖药方，看看有无疗效:

第 1 帖:勿迷信红酒。当葡萄园的土质、气候及酿造环境适合白葡萄时，请酿白酒。

第 2 帖:绝对控制产量，先下定决心实行法国波尔多 AOC 的产量标准。

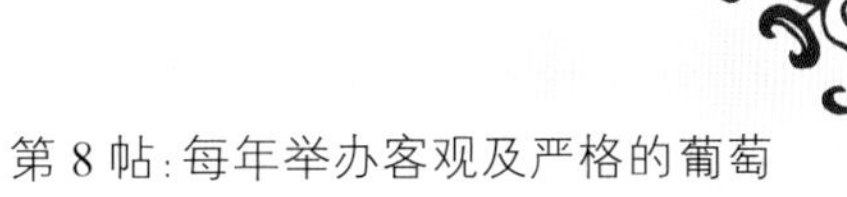

第 3 帖：坚定“长期抗战”的决心，至少 8 年后才开始正式推出第一款进军世界酒坛的顶级酒。

第 4 帖：对酿酒技术绝不妥协。一定要仿效欧美顶级酒庄的酿造技巧，由严选葡萄、慎用新桶及精进酿造技术做起，学习别人的专长，不要自以为是地创出取巧新招。

第 5 帖：虚心接受葡萄酒消费者，特别是挑剔品酒客的批评，爱惜羽毛。遇到不合水平的年份，请不必非推出上市不可。

第 6 帖：要有进军国际顶级酒坛的雄心壮志，不要仅以国内市场为经营目标。要抱着为中国酒争光的态度，以酿出国际公认的“中国第一红”为努力标杆。

第 7 帖：抛弃充斥贵族气、暴发户式的俱乐部式酒庄建筑，将经营资金全部投入到栽种优质葡萄上。抱定“葡萄好，酒才会好”的经营战略。

第 8 帖：每年举办客观及严格的葡萄酒评赏大赛，可由政府机关、评酒团体、葡萄酒专业杂志等联合主办。绝对不可有关系、贿赂或其他不公平竞赛规则的“黑手”介入。

上述 8 帖药方，我相信对许多酿酒者而言都不是新鲜事，问题在于有无下定决心，做或不做。我期待中国的葡萄酒庄，尤其是那几家规模宏大，动辄每年生产百万、千万瓶的大酒庄，能够发挥“母鸡带小鸡”的精神，用大厂养一个暂时赔钱但有金光闪闪之前景的小厂，来孕育中国的顶级葡萄酒。美国加州最初的几款顶级酒，例如罗伯特·蒙大维（Robert Mondavi）以及加洛（Gallo），都是采取这种名利双收的经营策略。我乐见“蒙大维第二”或是“加洛第二”式的英雄人物能在最近的将来出现在中国葡萄酒界。

29

“樱吹雪”夜谈酒录

睽违东京樱花祭(花见)已有10年。今年4月初,我陪侍家母旧地重游。箱根、伊豆、新宿御苑、上野公园……对我都引不起太大的新鲜感，反正年年茂樱如雪、岁岁游人如织,樱花树下的小贩每年贩卖的特产也是一样。日本的樱花祭和秋天的红叶祭只是作为我去拜访日本老友、把盏忆旧的借口而已。

今年去参加樱花祭的另一个理由是,应好友日本品酒大师木村克己的邀约,他想向我郑重推荐几款日本清酒,让我体会顶级清酒的口味。

记得今年3月初,我受上海国际葡萄酒博览会秘书长郝琰明女士之托,代邀木村克己担任评审委员。这位在1985年获得日本葡萄酒侍酒师第一名,1986年代表日本参加巴黎第一届世界侍酒师大赛获得第四名，并且开办东京葡萄酒学校,在日本培养出无数侍酒师的木村,也是日本第一位世界级品酒师。1996年，田崎真也继之而起,获得巴黎大赛第一名。这两位前后辈大师，可说是日本葡萄酒的“教父”。近年来,两人又将品赏的触角伸及清酒及烧酎，这当然也是谋生的一个办法，毕竟日本目前有1600个清酒酒庄，经济产值极高,生产的三四千款酒都需要专家来品审与推荐。

在上海的5日,我们朝夕与共、品酒

论食。我记得旅日美食家邱永汉曾提到“日本酒的口味，不论贵贱，都没太大差别”，便请木村先生推荐他认为最好的5款清酒。我相信，一位世界级的葡萄酒专家来介绍纯粹日本口味的顶级清酒，当是无可置疑。木村毫不犹豫地给我推荐了下述几个名字：1.黑龙（福井县）；2.龙力（兵库县）；3.开运（静冈县）；4.夕张鹤的“雾”（新潟县）；5.矶自慢（静冈县）。

这由木村选出来的“五大清酒”，当然不可能在上海买得到，甚至在台湾省这个日本清酒外销的第二大地区（仅次于美国），也很难看见。我仅试过夕张鹤的普通大吟酿，还不到“雾”的级别，其芳醇可口，入口后有股清新果味，杯底留香。普通级的大吟酿已有如此水平，“雾”级的精彩可想而知了。因此，木村才与我有“东京之饮”的约定。

晚上6点不到，木村就很热情地邀请我前往一个专门品试清酒的小餐厅“大吉本”。这个位于西新宿闹市区巷内的小餐馆，虽然创立不到40年，却以提供各式合

日本品酒大师木村克己（中）。右为“大吉本”餐厅主人大原，左为本书作者。

时鲜鱼及多达300种的清酒而闻名，同时也是日本清酒品酒会经常举办活动之处。小小的居酒屋中，挂满了各式清酒品试会的照片与信息，果然是一个品酒的好地方。

看到木村大师的造访，年轻热诚的第二代馆主大原庆刚拿出看家的本领来招呼我们，并口口声声称呼木村为“大前辈”，恭敬之情溢于言表。

木村指定的第一款酒是他个人最喜欢的黑龙酒庄的“一夕滴”。这是采用最传

统的酿造方法“自然动力法”，利用酒糟的自然重量，一滴一滴地榨汁而成，日本人称之为“金之雫”，酒庄也不客气地称之为“酒王”。由于黑龙酒庄位于极冷之处，在寒夜所压榨出的酒香味极浓。我试后感觉有极为浓厚的香菇、草菇、橡木及一点点山楂味，果然口感极为强劲而不失均衡。木村告诉我，此酒每年只有几千瓶的产量。20世纪70年代，现今明仁天皇的弟弟德仁太子曾公开赞赏过这款酒，不料却引起业界反感，所以日本决定此后不准公布皇室的用酒（御酒），以免造成不公平的竞争。木村推测，“很可能”今日日本皇室所饮用的御酒正是此款。

黑龙酒庄的“吟之雫”，是属于“一夕滴”的杰作。

接着，店主拿出了马肉刺身。我们开始以为是鲔鱼，没想到是福岛郡山所产的马肉。中国人向来不食马肉，历史上提到马肉多半是在围城粮尽之时，“屠战马而食”，寓有英雄末路或孤注一掷的悲壮，故本来我对日本料理店奉为至宝的马肉刺身并无太大兴趣！何况几片切得飞纸薄般冻得冷滋滋的肉片，入口冰麻，一点也感觉不出肉香与刺身应有的甜美。但此次的马肉小碟中配上了磨得细细的嫩姜、几段幼细的青葱以及几粒红色的小辣椒，色泽迷人。店主再三向我们强调这不是普通马肉，而是最宝贵的马颈肉，所以不是一般马肉的粉红色，而是像霜降牛肉般的鲜红色，特别鲜嫩可口。品尝之下，果然入口即化，丝毫没有肉类刺身不可免的腥臊味！

马肉古有“樱花肉”之美称。为何有此称呼？有人认为是因马肉色如樱花；有人认为是因为樱花绽开时，正是马肉最丰腴可口之时。但我听到的最动人的说法，是源自日本民歌《马背上的樱花》。落樱与奔马的邂逅(多美妙的比喻),真是太有诗意了!

奉上的第二款是贵仙寿酒庄的“吉兆”。这是产于新潟的名酒,比起黑龙,口味较淡,但入口的口感比较活泼,属于中等酒体的大吟酿。木村很得意地向我介绍了一道佐菜“冰头”。这是一小碟类似酱瓜、浸泡成深蓝色的小菜。原来,这是北海道鲑鱼的头皮。是将中间透明、软骨的部分连鱼皮浸泡在醋中达48小时而成,所以会有较酸的口感,但极脆,属于爽口小菜。

第三款上来的是夕张鹤酒庄的“雾”。夕张鹤恐怕是木村介绍的“五大”中最容易找到的,但“雾”则甚少!这款来自新潟的酒,香气比黑龙更为突出,以至于酒入喉后,香气仍停留在酒杯内不散,仿佛酒杯变成了闻香杯。木村建议不必试大吟酿,因为大吟酿太强烈,口感及香气有时候不比纯米吟酿来得高雅、平顺。

第四款是矶自慢酒庄的“中取段35”。

龙力酒庄的另一款杰作。是由一种特殊酒米“光彩”(Sasayaki)酿成,其中精米占40%,口味较清淡。本款相较于大吟酿而被称为“米之光彩”。

这是有150年以上历史的老酒庄所酿的酒，口感和夕张鹤相差不大，但酒精度极明显，日本人称之为“酸”。木村使用了一招绝技：将酒瓶悬空（约30厘米）倒酒，静置3分钟后，酒精度便会明显降低。果不其然，酒变得好喝起来。这款“中取段”（相当于“二锅头”）是精米占35%的等级，也是许多日本评酒家认为可以评上“日本第一”及最昂贵的大吟酿，标准瓶（0.72升）出厂价便高达14000日元。

这时店主又送出一味小菜“雪之苔”。这一小碟类似海苔酱的东西，是用埋在雪下30厘米左右的青苔拌上一种酢味噌，吃起来有一股类似芥菜的苦味，但回甘甚香，是一种极好的爽口醒酒小菜。此道菜让我想起日本的雪猴，常在白雪皑皑的原野中挖掘雪下的青苔吃，想来大概便是爱好此款口味了。

再接下来是开运酒庄的“波濑正吉”。它使用兵库县的山田锦精米酿制而成，一大瓶（1.8升）的出厂价为10000日元。典雅、华丽、丰沛，但我感觉与矶自慢没有太大的差别，只不过是酒精感较柔顺罢了。

最后，木村介绍了一款龙力酒庄的“秋津”大吟酿。入口极为饱满，微甜，回甘甚长，毫无酒精味。也是精米占35%。出厂价（0.72升）高达16000日元，直追矶自慢了！

酒局已到尾声，店主特别奉送一款初孙酒庄的“祥瑞”大吟酿。这款酒出自山形县颇具规模的酒庄，虽不太出名，但当地以米好、水好著称，特别是本酒没经过“入火”（加热杀菌），故酒味极软、圆润，很适合作尾酒，让之前较激昂的“酒气”稍稍平静下来。

木村提到，喝顶级的日本酒应当“入心”，而非“上身”。他认为，绝大多数的日本人喝清酒只为“身”，而不是用“心”来体会酿酒师的用心，日本大吟酿的精妙之处必须要细心体会才可。

当然话锋至此，也不无感慨！日本清酒厂去年一年便倒了60家，并且每年都会以类似的速度倒闭，最后存活下来的酒庄将不超过300家。它们都是啤酒与威士忌的牺牲品，日本千年的清酒文化也难免

1996年,我偶然在伦敦一家小古董店遇见此幅水彩画。署名ITO,作者应是伊藤或佐藤。店主只说是19世纪末的作品,我的直觉认为或许是日本当时被称为京都洋画派创始人的伊藤快彦的作品。在这幅可名为《夕樱》的画作中,两位着和服的妇人在樱花与泛着黄光的塔灯下散发出迷人的朦胧之美。

走上没落之途。

客气的店主每隔几分钟就来上菜上酒。我注意到店主给贵客上酒的“小动作”：日本上酒是以一小盅为计价标准，小盅下托一个木盒子，当店主给我们斟酒时，会使酒满溢而出，直到木盒顶为止。溢出部分刚好可以再酙出两小杯，等于增加了1/2的分量，原来这正是店家的“敬意”！即使是遍布台湾省各地的日本料理店，似乎也还没学到、体会到这点。

两个小时的酒局，我与木村谈兴甚浓。每人喝下了近10盅清酒，不觉已醺然。这是有缘故的：原来，日本的饮酒聚会很少像中国人的酒宴那样“重食”甚于“重酒”。中国酒宴的主人不会让自己或客人把肚子只装满美酒，而今晚的清酒宴，日本美食入我口腹者仅足于“止饥”而已，难怪宾主醺然甚快！餐后木村送我回饭店，我目送他在一片落樱之中逐渐隐没了身影，脑中突然想起了日文汉字“樱吹雪”正是这种情景：一片强风吹来，引发樱花如雪片般地掉落。在中国大唐文化熏陶下的日本人的祖先居然把汉字的优美“写”出如此优雅的情境！同样的，我们今日食用的粉丝，日本汉字称之为“春雨”；茼蒿称之为“春菊”；去观赏枫叶，称之为“红叶狩”；还有“落樱马背”之樱花肉的美名……字以言景，简直是王维“诗中有画”的翻版——“名中有画”。若问我喜欢日本什么，我必须坦承，就是喜欢日本汉字所留下的可以令华夏子孙回味再三的盛唐之美！◆

30

酒畔谈茶录

《中国葡萄酒》杂志来电,邀请我从品酒的角度撰写一篇品茶的文章,我思索了一下,便答应写稿。

我虽不是一位喝茶痴人,但从小却是在浓郁茶香的氛围中长大。先父与家母都来自广东潮汕地区。潮州人每天最重要的一件事,恐怕便是烧水沏功夫茶。父亲当时担任小乡镇的警察巡官,没有如此的闲情雅致,但是每逢潮州乡亲来访,父亲便会慎而重之地把储放在当时日本式宿舍中“箪笥”(日语“柜子”之意)中的茶具取出使用。只见得用红泥、紫砂做成的小功夫茶壶以及4个薄蛋壳般的白瓷小杯放在一个漂亮的斗彩白瓷盘中,真是素雅极了。在20世纪50～60年代,台湾尚未流行喝功夫茶(台湾人称“老人茶”),当然没有功夫茶具生产,而大陆的物品更是不准输入来台,父亲手上的“宝贝”是朋友由海外返台所馈赠,因此平日不轻易示人。

茶具摆设好后,家父转身回箪笥取出一个由麻绳与白纸缠成的小包,倒出一小瓢朋友带来的家乡“单丛茶”。接着烧一小壶水,等到水滚沸,由鱼眼转成蟹眼时,标准的潮州倒茶程序,例如关公巡城、韩信点兵……便会一次次上演。父亲还会把得之不易的潮州戏唱片,例如当时潮州戏名旦姚璇秋所主演的《陈三五娘》(在香港的实况录音)播放给同乡欣赏。童年的熏陶,

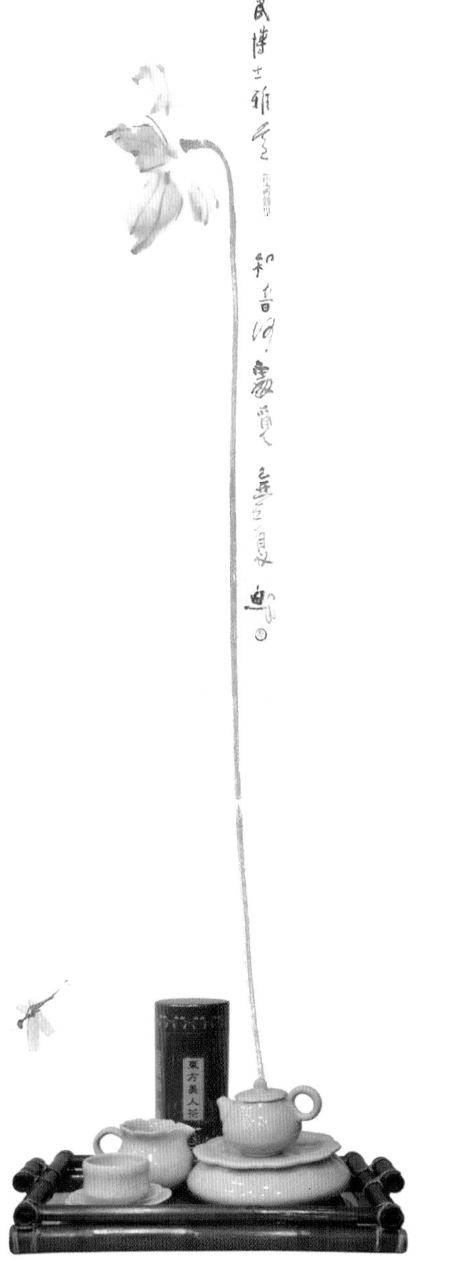

品茶可以静思、涤除凡虑。茶具也应当高雅脱俗，才会先“清眼”，而后“清心”。图中黄釉茶具组出自彰化天才陶艺家钟敏建之手。年届 40 的敏建兄，虽已成功地在台湾、上海及法国巴黎等地区举办了个展，让人惊艳到其直追宋人青瓷工艺的陶艺天分，却半隐居式地住在台湾最美丽的小乡——彰化县田尾乡，每日与火红的窑炉、成堆的陶瓷土、各国葡萄美酒及台湾高山茗茶为伍，真是天上神仙似的生活。

如何找一幅背景，让我费尽思量。终于想到书房中还藏有一幅被称为台湾“禅画第一人”的李萧锟教授的《知音何处觅》。简笔一画成红荷，再点上一小只红蜻蜓，果然禅意十足，望之仿佛荷香也随蜻蜓纤纤四翅的拍舞飘到眼前。

使我至今对潮州功夫茶以及《陈三五娘》的戏曲歌调可用“滚瓜烂熟”四个字来形容。

25年前，我自德国学成返回后，恰逢台湾省经济起飞。民众生活富裕后，也兴起了喝“老人茶”的风潮。一时间，本来就是产茶重镇的台湾，立刻冒出许多顶尖的茶庄。各茶区每年都举行春茶与冬茶的茶赛，各机关、行号的招待室几乎都备有漂亮的“老人茶”茶具来招待顾客、朋友，把台湾的茶文化推到了历史的顶峰。

我当然也因此有更多的机会品试到了各地方的好茶。再加上我又因写葡萄酒文章而“酒名”在外，朋友之间不免在馈赠时以茶代酒，使我有了更多品台湾茶的机会。随着台湾在20世纪80年代末的开放，大陆的茗茶也大批地涌入台湾。在去大陆许多次的旅游讲学中，热情的大陆友人也莫不向我推荐当地的茗茶，让我能够大饱茶福。

的确，品试茗茶与美酒有着极大的共通点，我的经验可与各位分享：

第一，“茶茶酒酒”各有特色。葡萄酒的品牌，全世界已达数十万种之多。尽管品尝者有特别的钟情对象，但每款酒都有值得品赏的地方。莫说只有贵酒才有值得一喝的价值，价廉的葡萄酒可能会以清爽的口感、薄弱的酒体让饮者生津止渴，同时也让阮囊羞涩者能够畅快淋漓地享受“醉乐”！欧洲各大美术馆馆藏文艺复兴时代以来各大师关于酒神的画作中，都是一批醉态可掬的酒神及其徒众，他们所饮的全都是廉价、新酿成的葡萄酒。

茶的情况也是如此。作为开门七件事之一的茶（酒倒不列于此七件事之中），本来便是日常用物。最廉价的茶，甚至使用茶粉末（美其名为“满天星”）冲泡出来的茶汤，也可带给饮者感觉上的舒适。而各种各类的茶，由强调花香的花茶，到品其体力结构的普洱茶；由强调清淡的龙井绿茶，到寻其复杂层次的半发酵冻顶乌龙……都如同各种葡萄、各个产区所酿制的葡萄酒一般，能让品赏者分辨出并喜欢各种不同的口味。所以，酒迷人，茶也迷人。

第二，品赏的功夫也极为神似。品试葡萄酒不外是以色泽、口感、香气来作判断。色泽，不论红酒还是白酒，讲究的是清澈无杂质，酒液泛出闪亮的油光。香气则以雅致、高贵以及复杂为上品。顶级的葡萄酒会令人嗅出花香特别是紫罗兰的香气，以及昂贵菌种如松露的香气，还有浆果等香气迷人的果味。而一般品味不高的香味，多半来自较差的葡萄品种，如白诗南(Chenin Blanc)及麝香(Muscato)，散发出廉价脂粉味，其香气的俗艳为品酒者所不喜。至于口感，则在于酒体的饱满、复杂的果味、丹宁的温和以及最重要的是要有迷人的回韵。

这些要求也完全显现在茶的品试之上。就以色泽而论，茶色更成为品茶最重要的判断标准。喝茶讲究水，清朝的袁枚在《随园食单》中提到："欲治好茶，先藏好水。"其意是茶香能够透过清澈的好水传达出来，并且只有好水才能够把好茶的颜色显露无遗，所以水被称为"茶之母"。茶色最先进入品茶者的鉴识范围，和酒一样，甚至有过之而无不及。绿茶，如碧螺春，强调如雨后竹叶般的翠绿，类似雷司令及长相思(Sauvignon Blanc)白酒；乌龙，强调类似波特酒的琥珀与棕红；普洱则强调深红近墨，类似澳洲的西拉葡萄酒；而更高贵的陈年普洱，其美妙的红砖色泽，又令人联想到陈年勃艮第酒、意大利孟塔西诺酒及巴罗洛酒的迷人色泽。

在香气方面，茶香更是一门大学问。日本的抹茶，鲜浓的绿色挟伴着青草的腥味，我个人认为不免俗艳，毫无可取之处。中国的茗茶则是香气各擅其长，就看各位茶客的口味了。北方人喜欢茉莉花茶的熏香味；江浙人欢喜绿茶的清新，令人想起雨后青翠大地的田野气息；而台湾、福建及广东人则喜欢武夷山岩茶，例如铁观音、水仙等，取其味如幽兰的高雅。

20世纪80年代以后，经济奇迹造成了台湾喝茶的文化。后发先至的台湾茶道，比起广东潮州功夫茶道更精进的一项改进，便是研创出比一般功夫茶杯高一倍但较细长的闻香杯，这个创举弥补了传统茶道的欠缺——汇集香气的器具。

西方人饮用葡萄酒不可或缺的便是

各式各样的葡萄酒杯。由香槟、白酒以至于勃艮第或波尔多酒，都有专用的酒杯，可以把纤细的酒香忠实地传达出来。西方饮食界断定一个餐厅的水平时，光以其葡萄酒杯来作判断，便可以八九不离十了。所以台湾人发明闻香杯，并将闻香作为品茶最重要的一个步骤，真可谓推动中华茶文化的一大功臣。

近年来只要有机会前往法国巴黎，我总会抽空绕到左岸第五区大学城附近的圣美达路1号(1 Rue Saint-Medard)，这里有一家台湾人曾毓慧女士所开设的桃花源茶馆(Maison des Trois Thes)。馆内清一色的明式装潢，男女店员一律中式服装，不仅窗明几净，所用的茶具也无一不精，无一不雅。最难得的是，茶馆内有女主人不惮其烦，亲自由台湾及大陆产茶名地搜罗而来的千余种茗茶，按人称两冲泡给客人品赏。曾女士果然把台湾人喝茶的精雅功夫发扬到了花都，我在这里竟然品尝到大陆老家的“白叶单丛”。原来，店员听说我来自台湾，也嗜饮茶，马上就建议我品尝此款台湾少见的广东潮州妙品。好一个“他乡遇故知”啊！

桃花源茶馆给每一位品茗客都准备了一个白瓷的闻香杯。没想到从小在高级香水与葡萄酒熏陶下成长的法国美食家的挑剔的鼻子，竟然也被这小小闻香杯内散发出的百千种的茶香所征服。桃花源茶馆也成为法国政府申请举办2016年奥运会的素材，证明巴黎拥有提供世界第一流东方饮食的能力。闻香杯果真是“小兵立大功”了。

在口感方面，茶作为高尚的饮品，还强调了“喉韵”，这也正是葡萄酒品赏中与香气并重的审查标准之一。清朝有位文人梁章巨写过一篇著名的《归田琐记》，他把品茶的功夫分为“香、清、甘、活”。后两

清末民初的红木小茶箱，上有一副对联，十分精致(作者藏品)。

产自广东潮汕地区的小茶具，炉、壶、杯、盘一应俱全。

者便是形容茶味的“回甘”，以及饮茶后残留在舌根的“喉韵”。顶级的葡萄酒也强调酒体的饱满和回味的长久，如果回香不长（行话说“断掉”），那必定会被排除在顶级之外。即使是顶级酒庄，在不好的年份，其酒味也会不长而断掉，这也是常引起品酒客怅然遗憾的原因之一。

我个人还认为，美酒与美茶有另一个共通点，那就是勾兑的功夫。除了少数顶级酒庄强调少量的单园酿酒外，许多酒庄都会用勾兑的方式来调配。强调年份的葡萄酒会以各个园区以及不同葡萄种来调配，香槟、波特、雪莉酒以及中国的绍兴黄酒，也会妥当运用几个年份酒来调配勾兑，这使得酿酒师必须具备“香味魔术师”的本事。

在茶的方面，也可如此。如果品茶人认为某一种茶的味道过于突兀、棱角太锐，大可中和若干年份的老茶，以获得更丰富的香气与味觉。先父在世时，经常会把新购来的乌龙或大陆老家捎来的单丛水仙和老茶混在一起，也屡屡在调配过程中邀我试喝，交换心得。今年3月中，我应邀赴上海参加国际葡萄酒博览会，巧遇故友，也就是日本最有名的品酒师木村克己。我遂邀请他品试我从台湾带来的先父所调配的单丛水仙。木村大师抿了一口，闭上眼睛，片刻后，他拿出纸笔，写出了“有古寺的感觉”几个字。他感觉仿佛进入一座古老的庙寺，嗅到来自于木头、檀香的古雅味道。好一位讲究美食与美酒的作家，有如此令人惊讶的联想力！

另外，美茶还有一个特色是美酒所欠缺的——“赏形”。茶叶必须由沸水冲泡，干燥的茶叶在沸腾茶水中开始“活过来”，展现出它的生命高潮。茶叶从开始在水中翻滚、舒展到最后奔放出来，历经三种形式，完成生命的蜕变。不一样的茶种、茶叶，能够伸展出不同的体态：有如雀舌（阳羡茶）的两叶一芽，有如旗枪般的一叶一芽（雨前茶），有如螺旋般的碧螺春，有如一团小牡丹的绿牡丹。我虽不甚喜欢西湖龙井，但我喜欢看冲泡西湖龙井。每当热水冲进杯中后，片片细长又光滑的茶叶，仿佛受惊的群莺乱窜；顿时茶叶由上舒展而下，在水杯中曼舞，好似天女散花，真是美极了。每当我想起西湖胜景，就立刻会联想到在跳水中芭蕾的龙井茶叶。

但是，在普遍还不太强调茶具之美的中国大陆，各产茶区都不讲究杯具。连冲泡顶级的雨前龙井，都使用一般的水杯。西湖茶农用普通水杯冲泡顶级龙井，仿佛是安排俄国顶级芭蕾舞演员努连诺夫在通衢闹市中大跳其著名的“十三转”旋转舞技。假如茶商、茶客能够花点心思，设计出若干款式雅致、高挑及透明的玻璃杯，则必能使“龙井舞姿”跳跃生辉。◆

〔艺术与美酒〕

《圣母与圣子》：这是德国文艺复兴时期最伟大的画家老卢卡斯·克拉纳赫（Lucas Cranach the Elder）在1520年所绘。画中圣母与圣子的手中握着一串葡萄，背景则是十字架上缠绕着葡萄藤。有人统计，《圣经》里出现“葡萄树”或“葡萄酒”的文字达441处之多，显示出基督教与葡萄美酒千丝万缕的关系。现藏于俄罗斯莫斯科普希金博物馆。

图书在版编目(CIP)数据

拣饮录:玄妙美酒的神游札记/陈新民著.—杭州:浙江科学技术出版社,2013.2

ISBN 978-7-5341-5229-0

Ⅰ.①拣… Ⅱ.①陈… Ⅲ.①葡萄酒—品鉴

Ⅳ.①TS262.6

中国版本图书馆CIP数据核字(2012)第311672号

书　　名	拣饮录——玄妙美酒的神游札记
著　　作	陈新民
封面题字	欧豪年
审核登记号	图字:11-2011-190号
出版发行	浙江科学技术出版社 杭州市体育场路347号　邮政编码:310006 联系电话:0571-85176040 E-mail:zjstp@hotmail.com
排　　版	杭州兴邦电子印务有限公司
印　　刷	杭州富春印务有限公司

开　　本	880×1270　1/24	印　张	11.3
版　　次	2013年2月第1版		2013年2月第1次印刷
书　　号	ISBN 978-7-5341-5229-0	定　价	88.00元

责任编辑　梁　峥　　　**责任美编**　孙　菁

责任校对　张　宁　　　**责任印务**　徐忠雷